U0336434

专家寄语

　　地球从形成到现在经过了 46 亿年，在这个漫长的过程中，地球上的生物都发生了哪些变化？最早的植物是怎样诞生的？它们经过了怎样的进化过程，才变成了今天的样子？植物的进化永远是一门令人兴奋不已的学问。对孩子来说，植物进化的过程一直是充满吸引力的话题。本系列图书将向孩子展示一个从地球早期生物起源到裸子植物时代，再到被子植物时代的缤纷植物世界，囊括了丰富的植物科学知识，内容具有独特性、稀缺性，向孩子全方位地展现了常见植物的独特与神奇，不仅能够培养孩子从不同角度观察、思考的能力，更能够大大丰富他们的想象力、提高他们的创造力，是一套不可多得的植物科普读物。

中国科学院院士
中国植物学会理事长

植物进化史

被子植物的
霸主时代

匡廷云 郭红卫 ◎编
吕忠平 谢清霞 ◎绘

吉林出版集团股份有限公司I全国百佳图书出版单位

地质年代与生物演化阶段表

泥盆纪

4亿1000万年前

志留纪

4亿4300万年前

奥陶纪

4亿9000万年前

寒武纪

5亿4300万年前

震旦纪

6亿8000万年前

约46亿年前

150亿年前，宇宙诞生了，地球作为宇宙中的一颗行星，起源于约46亿年以前的原始太阳星云。从地球诞生到地球生命的出现，这期间经历了几十亿年的大演变。

3亿5400万年前

石炭纪

2亿9000万年前

二叠纪

2亿4800万年前

三叠纪

2亿600万年前

侏罗纪

1亿3700万年前

在258万年前的第四纪，地球生物界的面貌已接近于近现代。哺乳动物的进化相当惊人，人类的出现也成为第四纪最重要的标志。

第四纪

258万年前

新近纪

2330万年前

古近纪

6500万年前

白垩纪

目　录

你们知道吗？地球上现存的植物大约有超过三十五万种，其中裸子植物只有八百多种，而被子植物达二十五万种，占植物总数大部分，是当之无愧的植物界霸主。

地球上的植物分布

　　地球上的气温和降水都具有地域性，气温和降水会直接影响植物的生长，因此地球上各地区的植物分布也会有区别。树木的生长需要较多的水和足够深的土壤，所以森林总是分布在较湿润的地区。而在比较干旱、土壤层薄的地区，树木不易生长，草本植物却几乎不受影响，植被就以草原为主。非常干旱的地区则只有荒漠植被。大多数植物无法在过低的温度下生长，所以处于地球两端气温极低的北极和南极地带就缺乏植物。

热带雨林

温带草原

荒漠

冰原

不同的被子植物适应着不同地域的气候,现在就让我们一起去看看吧!

顽强的荒漠植物

荒漠并非只有荒凉单调，一部分植物适应了干旱与风沙，也适应了贫瘠的土壤，就能在这里顽强地生长。由于缺乏水和营养，大多数荒漠植物生长缓慢、植株低矮，但有发达的根部，有的甚至在短暂的雨季中完成自己的生命周期。

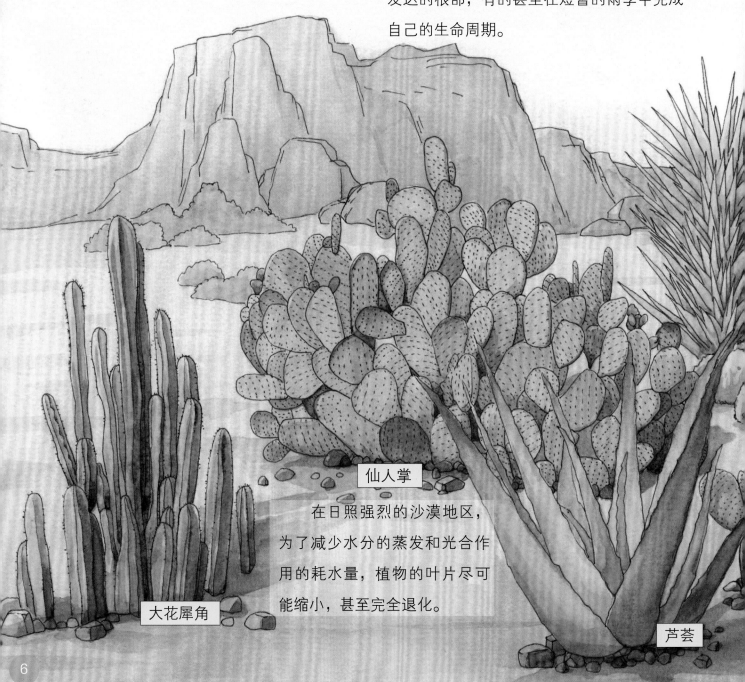

仙人掌

在日照强烈的沙漠地区，为了减少水分的蒸发和光合作用的耗水量，植物的叶片尽可能缩小，甚至完全退化。

大花犀角

芦荟

仙人柱

观音莲

有些植物的枝条硬化成刺状；有些植物的茎枝上长了一层光滑的白色蜡皮，反射强烈的阳光，将水分封存在体内。

金琥

巨人柱

沙拐枣

　　沙拐枣是一种小灌木，其侧根可以向外延伸十几米远，这不仅能使它的身体牢牢固定，还能让它迅速吸收地面的露水和雨水。

柠条锦鸡儿

　　柠条锦鸡儿的枝叶上长满了白色的绒毛，可以保护其免受高温、强光的威胁。

白刺

　　白刺的枝叶非常茂密，可以有效阻拦风中的沙粒。它不怕沙埋，甚至"喜欢"沙埋。一场大风过后，白刺常陷没顶之中，但这时的白刺反而能萌生出许多新枝，冒出地表。

胡杨

胡杨是极少数能在荒漠中形成森林的树种，它会随着沙漠河流的流向分布。为适应干旱环境，胡杨嫩枝上的叶片像柳叶一样狭长，老枝上的叶子则圆润如杨树叶。

胡杨林是荒漠地区珍贵的森林资源，对于稳定荒漠地区的生态平衡、调节绿洲气候等具有十分重要的作用。

沙芦草

许多沙生植物的根外层会分泌液体、让沙粒粘在上面，形成沙套，保护植物的根免受干燥、高温灼伤以及沙粒的摩擦损伤。沙芦草就是其中的代表。

热闹的森林世界

目前，全球约有34.5亿公顷的森林，占陆地面积的25%，这个庞大的家族是陆地生态系统的主体。森林植被种类多样，热带的森林类型主要是热带雨林，温带则分布多种类型。

针叶林

热带雨林

混交林

热带雨林中的被子植物种类非常丰富，我们着重来讲讲它们吧！

石豆兰

肿节石斛

石斛

蝴蝶兰

鼓槌石斛

大乔木的树冠组成了雨林的高层。雨林中常年炎热多雨，高大乔木的树枝间缠绕着不能直立的藤本植物。为了争夺阳光，原本生活在下层的它们攀附在大树上朝着高层奋进，迅速生长以占领地盘。雨林中或高或低的树枝上，有一些植物在此扎根，依附于树木生活。雨林的下层是灌木和草本植物。

众多雨林植物净化空气的能力也很强大。

连珠蕨

雨林中的被子植物

许多热带雨林中的乔木，会在树干的基部长出三五条三角形板墙一般的辐射状结构，这种结构叫作板根，是热带雨林中才有的特殊生态现象。

四数木

为了不被狂风暴雨摧折，热带雨林中的诸多乔木生长出板根，很好地支撑住了整个树干。四数木就是其中的代表。四数木有着醒目的巨大板根，整棵树可以长到40多米高，但它的种子却十分细小，每颗不足0.5毫米长。

孟加拉榕

孟加拉榕最著名的特征是枝条上长出的许多气生根。这些气生根虽然看起来细弱，却能钻入土中形成新的树干，撑住粗壮沉重的树枝。孟加拉榕因此能不断向周围扩展，长出庞大的树冠，单棵树就能覆盖上万平方米，为数千人遮阴。

轻木

　　为了抢占空间，热带雨林中的植物生长都非常迅速。原产美洲的轻木就是生长速度最快的树木之一，一年可以长5米高。这种速度是舍弃树干的密度换来的，所以轻木是世界上最轻的木材。

王棕

　　棕榈科植物是热带风光的代表性植物，王棕是其中尤为壮丽的高大树种。它的树干膨大，最底部长着气生根，叶子在树干顶部长成一簇。王棕能够在猛烈的热带风暴中屹立不倒，多亏了开裂的叶片迎风面小，以及茎叶内部强韧而丰富的纤维。

热带雨林中，茎干和枝丫上长着附生植物的大树比比皆是，成为雨林的代表性风景。附生植物包括多种藻类、地衣、苔藓、蕨类和被子植物，可谓种类繁多。附生植物生长在大树枝干表面长期积累的腐殖质或海绵状的枯落物上，从空气和雨露中吸收水分，并且各有储存水分的办法。附生的被子植物大多有气生根。在热带雨林中，几乎所有的兰花都是附生植物。凤梨科和天南星科中也有许多附生植物。

空气凤梨

花烛

积水凤梨

老人须

蝴蝶兰

心叶蔓绿绒

鼓槌石斛

龟背竹

石斛

15

湿地 "净化器"

　　湿地包括地球陆地上所有人工或自然水体与陆地的交汇处，以及海洋中低潮时水深不超过 6 米的近海海域。它是地球上一种重要的生态系统，处于陆地生态系统与水生生态系统之间，是上述两个生态系统之间的过渡带，有着丰富的生物多样性。

　　湿地植物大多数是草本植物，有些完全生长在水中，有些仅仅漂浮在水面过完一生，还有一些生长在水畔的土地上。

一些湿地植物的根和茎长在水中的淤泥里，整个身体都沉在水中生长。它们的叶子有的像带子，有的像丝线，这样有利于在光照微弱的水中捕捉阳光、二氧化碳和养分。这些植物制造氧气，供给水中其他的生物使用，同时消耗水中过剩的养分，让水质保持清澈，是名副其实的湿地"净化器"。但当水过于混浊时，它们也无法正常进行光合作用，会生病、发黄，甚至腐烂。

水车前

海菜花

穗状狐尾藻

金鱼藻

黑藻

蓖草

苦草

虽然这里有些植物的名字中带有"藻"字，但它们却是货真价实的被子植物。

17

有些湿地植物全身都漂浮在水面上，随着风四处漂泊。还有些湿地植物的叶片和花漂浮在水面上，它们有长长的叶柄或柔弱的茎，有着像根一样匍匐生长在淤泥里的根状茎。

这些植物遮蔽了水面的阳光，为水中的生物提供了绿荫。它们吸收水里的矿物质，抑制水藻的生长，保持水的清澈。但有些植物若生长得过于迅速，反而对生态环境有危害。

布袋莲

水鳖

大藻

大藻的花蕊

荇菜

菱角

萍蓬草

睡莲

在水域的边缘地带，湿地植物的植株开始变高。一些植物的下半部分沉在水中，根扎在淤泥中，上半部分挺拔地直立在水面之上；一些植物的大部分身体已经离开水，但依然十分喜欢湿润的环境，根部必须浸泡在浅水中，才能旺盛地生长；一些植物既可以长在浅水中，也可以在岸边的泥地上大片蔓延。这些水域边缘的植被可以为大量的水鸟和其他光顾水源的动物提供栖居和藏身的地方。

水葱

荷花

香蒲

海芋

梭鱼草

毛茛

竹芋

慈姑

21

顽强生长的高山植物

雪山

针叶林

草甸

在山地，地势越高，气温和气压越低，紫外线辐射和风力也越强。高山会阻挡气流的通过，因此不同的朝向往往会有截然不同的气候，比如南面多雨，北面却可能干旱。有的高山上不但冬季有霜雪，甚至山顶终年积雪，一天之中昼夜温度悬殊。不论对于植物还是动物，这里都是艰苦的环境。

高原山地除针叶林之外，在不同的海拔高度还有分别以大片草本植物、灌木、苔藓、石块、荒漠为主的区域。夏日，在海拔 2000 米的高山上，植物像是约定好了似的集体开花。这是因为在环境恶劣的高海拔地区，短暂的夏季是光照、温度和湿度最适合繁衍的季节，植物必须抢在此时迅速开花结果。

高山灌丛

高山苔原

高山荒漠

高山石滩

生长在高原山地的被子植物为了适应多风和寒冷的环境，体形通常都很矮小，有的干脆完全匍匐在地。由于干旱缺水，它们通常生长缓慢、叶子细小，以此来减少水分的消耗。而在地下，它们有着粗壮发达的长根，能在砾石或岩石的裂缝之间穿插生长，从粗糙的土壤里吸收营养和水分。

三歧龙胆

乌奴龙胆

蓝果杜鹃

黄杯杜鹃

在高山积雪线以下、草甸之上的过渡区域，有着碎裂岩石滚落堆积的山坡，叫作高山流石滩。这里的气温常年在0℃以下，常有冰雹、霜冻、强风和降雪。但即便是在这种荒凉的地带，也有多种植物在顽强地生长着。

塔黄

塔黄生长在西藏喜马拉雅山麓的流石滩上，它是一种直立的草本植物，开花的时候可以高达2米，远远望去好像一座金色的宝塔，在一堆石块中十分显眼，"塔黄"一名也因此而来。粗壮的茎上没有分枝，从上到下长着心形的叶子。黄色苞片又大又薄，将花部器官包裹住，不但能有效地保存热量，使其能在良好的温度下生长，又能让前来采蜜的昆虫在一个温暖舒适的小环境中，无压力地进行传粉工作。

水母雪兔子

水母雪兔子是菊科风毛菊属植物，在我国四川、甘肃、青海等地区均有分布，是我国二级保护植物。它的叶子上长着软绵绵的白毛，几乎看不到绿色，但正是这些长毛，才能让它在低温中生存。而它名字中"雪兔子"的来历，则是因为它长得很像毛茸茸的兔子！

总状绿绒蒿

全缘叶绿绒蒿

绿绒蒿

绿绒蒿主要生长在我国西南部，花朵大而艳丽，极具观赏价值，是著名的高山植物。

这里还有另一些生长在高山流石滩的植物。

雪灵芝是世界上生长地海拔最高的绿色开花植物之一，分布在青藏高原海拔 4700—5500 米的山区。

雪莲

雪灵芝

藏波罗花

梭砂贝母至少要生长 4 年才能开花结果。

梭砂贝母

皱褶马先蒿

尖被百合

我们再来认识几种奇特的高山植物吧。

大地翅膀（掉果前）

大地翅膀

　　北美洲落基山脉严寒干旱的向阳坡上，一堆沙石中挥舞着片片透明的"翅膀"，这就是又称"蝉翼芥"的大地翅膀。它的肉质叶片为了储存水分而演化成今天的样子，上面覆盖着白色绒毛。果实成熟后脱落，只剩下包裹果实的透明隔膜，如蝉翼一般。

大地翅膀（掉果后）

莴氏普亚凤梨

莴氏普亚凤梨有着"安地斯女王"的美誉，它是生长在秘鲁和玻利维亚的安第斯山脉的大型凤梨科植物。它生长在海拔3800米以上的干旱山区。莴氏普亚凤梨高可达12米，寿命可达80岁。但只有在生命结束前，它才会开花结种。而恶劣的环境条件也使它的种子难以发芽。安地斯女王也因此成了濒临灭绝的植物。

亚勒塔

这种长相奇怪的植物叫亚勒塔，它好似巨大苔藓团的外表，让人很难想象它和胡萝卜同属伞形科，也很难想象它的内部其实是坚固的木质。为了适应安第斯山脉3000多米海拔的极端气候，亚勒塔密集生长的叶子表面有一层防止水分蒸发的蜡质，它贴地缓慢生长，以减少能量的消耗，1年最多只长2厘米。

奇特的稀树草原

　　稀树草原是炎热、季节性干旱气候条件下长成的植被类型，在非洲、南美洲和澳大利亚的部分地区有分布。这些地区因高温而有长干季，植物均有耐旱特性。稀树草原夏季高温干旱，常常会因为自然原因发生火灾，在短暂而珍贵的雨季，各种植物迅速生长，动物也抓住机会繁衍生息。

金合欢

　　长颈鹿伸长脖子吃着金合欢树高处的树叶，可以算是非洲草原的特色景象之一。为了防止被动物吃掉树叶，金合欢树大部分长着尖刺。

哨刺金合欢

哨刺金合欢的刺

　　哨刺金合欢长着带孔空心刺，风吹过时发出像哨子的声音。褐色的举腹蚁在哨刺中筑巢，以哨刺金合欢的蜜汁为食。

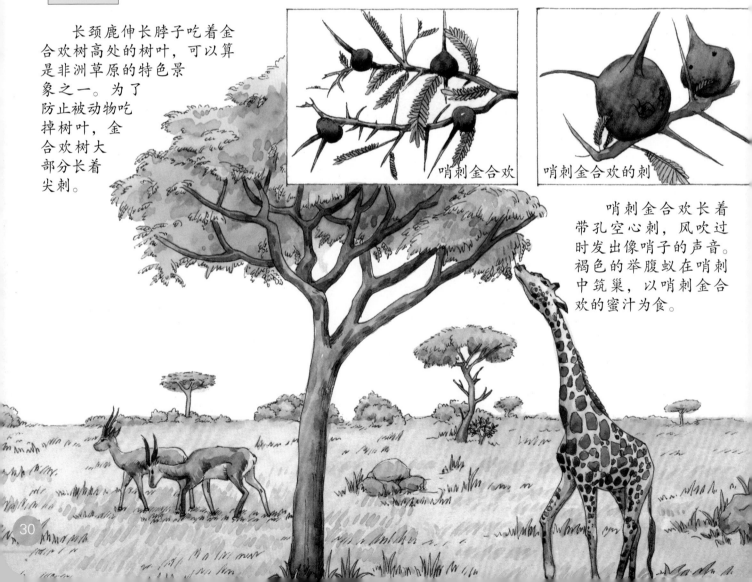

猴面包树

　　非洲稀树草原上除了大量金合欢之外，还有许多猴面包树。猴面包树是世界上最长寿的树种之一，能够活5000年以上。因为猴子爱吃它的果实，所以它有了这个名字。猴面包树的树干内部疏松，充满孔洞，能够像海绵一样储存水分。据说，一棵猴面包树能够储存上吨的水。只要凿开树皮，水就会流出来。

　　按属植物是一个庞大的家族，有 600 多种。在它们的故乡澳大利亚，有许多种按属植物生长在稀树草原上。按属植物的叶子又细又小，总是低垂着，尽量减少被阳光直射的面积，树冠也很稀疏，这样可以有效地减少水分流失。按属植物的树叶和树皮中都含有芳香油，在旱季高温时容易着火。按属植物的果实有着坚硬的外壳，被火焚烧后，果壳才会爆裂，种子落地，在一片富含矿物质的草木灰中扎根，长出茁壮的树苗。正是得益于这种"策略"，按属植物才能在澳大利亚及其附近岛屿顽强生长，并成为数量最多的树种。

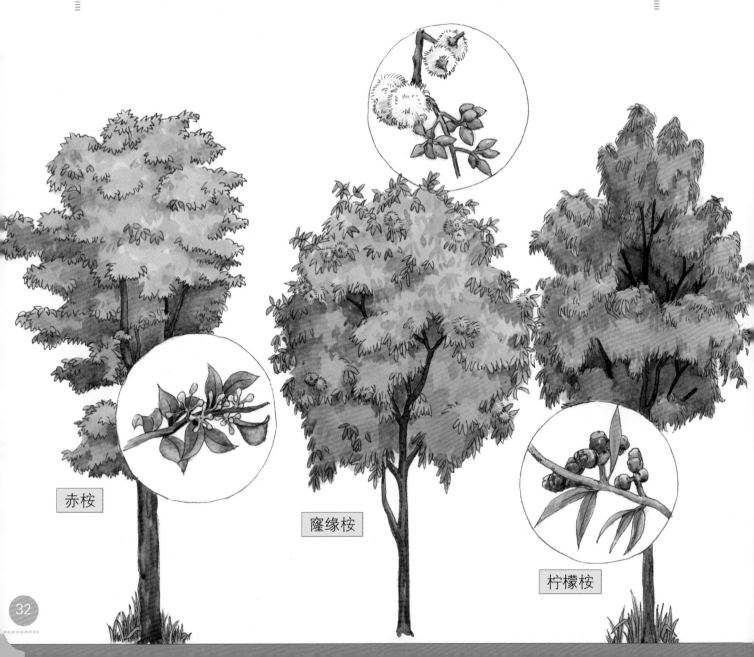

赤桉

窿缘桉

柠檬桉

澳洲黄脂木

　　澳洲黄脂木是澳大利亚稀树草原上的特有植物。它的叶子幼时直立，成熟后散开下垂。它的花序可达1—3米。

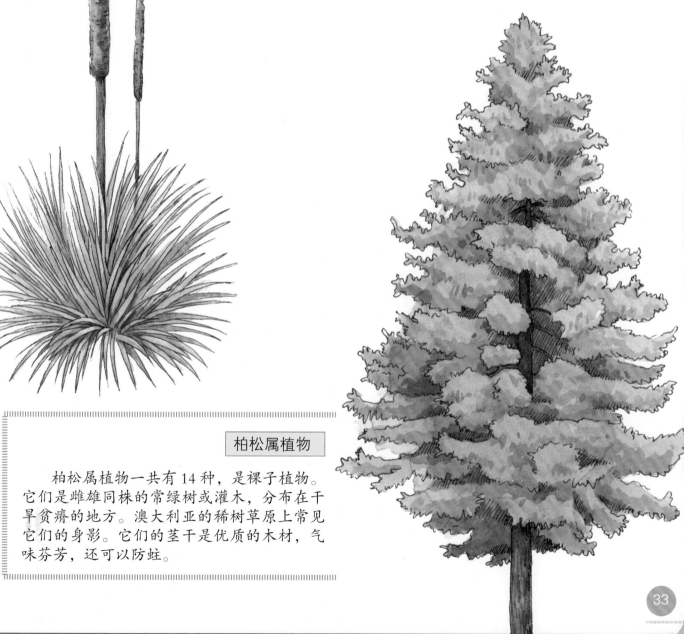

柏松属植物

　　柏松属植物一共有14种，是裸子植物。它们是雌雄同株的常绿树或灌木，分布在干旱贫瘠的地方。澳大利亚的稀树草原上常见它们的身影。它们的茎干是优质的木材，气味芬芳，还可以防蛀。

抗寒耐旱的 苔原

在极地附近和寒冷的高山地区,生长着苔藓、地衣、小灌木等植物,它们被统称为苔原,按照成因分为极地苔原和高山苔原。苔原中有许多常绿植物,包括身材矮小的小灌木,如越橘、岩高兰;为了抗风、保湿而紧贴地面匍匐生长的植物,如北极柳、矮桧。这些常绿植物在春季可以很快地进行光合作用,不必耗时形成新叶。

北极罂粟

北极罂粟是一种罂粟科植物,是罂粟的同类,生长在陡峭的山坡和河流冲积出的砾石滩,它的每一片花瓣都像一面反光镜,可以把阳光反射到中心的花蕊,聚集热量,使种子尽快成熟。

注意:罂粟科有 26 属,250 种植物,其中一部分的提取物是多种镇静剂的来源,同时也是制取毒品的主要原料。我国法律规定,严禁任何单位和个人非法种植罂粟、大麻等植物。小朋友们可要离它们远一点儿哦!

松毛翠

松毛翠是杜鹃花科的一种可爱的小灌木,它的茎平卧在地上,直立的部分是它的枝条,高不到 40 厘米。它的分布范围包括东亚、北欧和北美,生长于高山苔原、高山草甸和灌木丛。它艳丽的粉红色小花装饰了高山苔原的夏季。

沼桦

沼桦是一种矮灌木，主要生长在北极、北美和西伯利亚的苔原、森林和荒芜的沼泽地。它的茎沿地面匍匐生长，竖立的枝条高约1米。在苔原短暂的夏天，地表的积雪融化时，沼桦才会开始生长叶片并开花。

冻原繁缕

冻原繁缕是石竹科繁缕属的植物，分布在俄罗斯西伯利亚和我国新疆阿尔泰山的高山苔原。它的茎只有2—3厘米高。

红莓苔子

红莓苔子是杜鹃花科越橘属的常绿灌木，是北半球寒带常见的植物。它匍匐生长的茎可以长到80厘米长，但竖立部分只有10—15厘米高。它同样在夏季开花，果实只需一个多月就成熟了。

异类 被子植物

有一些植物不是以它们生长的环境，而是以它们获取营养的方式被归类的。例如以腐殖质为生的腐生植物，或者听起来就很凶猛的食虫植物。

腐生植物不含有叶绿素，自己不能进行光合作用，主要依靠土壤及动物的尸体获得养分。

纤草

水晶兰

水晶兰依靠长在其根部的一种真菌帮忙，从土中获取营养。

天麻

天麻从侵入体内的菌丝取得营养。

头花水玉簪

透明水玉簪

多枝霉草

大柱霉草

在一些土壤贫瘠的地区，植物为了获得营养演化出了能够吞食并消化动物的特殊身体结构。

狸藻

狸藻是常见的水生食虫动物，叶片上长着带盖的捕虫囊。当有水生小动物碰到捕虫囊，一瞬间就会被它吸入。

瓶子草和猪笼草都依靠捕虫器来捕获和消化小动物，花蜜是它们的诱饵。

高山捕虫堇和毛毡苔的叶片能粘住昆虫并将其消化。

高山捕虫堇

毛毡苔

猪笼草

瓶子草

捕蝇草

认识的植物越多，越觉得不可思议！

小朋友们，看到这里，你们是不是也收获了许多乐趣呢？

捕蝇草的叶子演化成了"捕虫夹"，昆虫如果碰到捕虫夹上的刚毛，就会迅速被夹住，动弹不得，最后被叶面分泌的消化液消化后吸收。

你可能不知道的真相

Q1 植物有什么耐寒策略?

植物的耐寒策略有许多。比如裸子植物门的松柏类植物,它们中的大多数都是针叶植物,针状的叶子聚在一起可以保温,也能减少水分蒸发。再冷一点儿的地方,松柏也无法生存了,但一些被子植物还在坚持,比如虎耳草等。它们长得较为低矮,紧贴着地面,同时叶片长满能够起到保温作用的绒毛。

Q2 热带雨林中有"空中花园"?

热带雨林中光照充足、空气湿润,是很多植物理想的生存环境,但是植物间的"竞争"也非常激烈。一些低矮的植物为了获取足够的阳光,扎根在树干上,最终它们在高大乔木身上定居下来,形成了一座"空中花园"。热带雨林中的不少兰科植物就是这样生活的。

Q3 为了生存,被子植物也会捕捉昆虫?

世界上有很多食虫植物,它们生活的地方大多环境恶劣,所以必须从以昆虫为主的一些小动物身上获取营养。食虫植物中比较出名的有猪笼草、捕蝇草、瓶子草、茅膏菜等,它们都是被子植物。

Q4 有的猪笼草是小动物的"马桶"？

世界上捕虫器容积最大的猪笼草是马来王猪笼草，它会吸引树鼩将粪便拉到自己的"笼"中，因为动物粪便中含有大量氮，那正是它所需要的肥料。还有一些猪笼草能吸引蝙蝠来"笼"中生活，并主动接收蝙蝠的排泄物。

Q5 马兜铃会"囚禁"昆虫？

马兜铃是一种虫媒花。它会"囚禁"昆虫，但不会吃掉它们。马兜铃会以一种独特的气味吸引昆虫，并把它们关一段时间，等到昆虫身上沾满花粉后才放它们离开。

Q6 世界上最长寿的生物是一种海草？

目前人类发现的寿命最长的生物是一种被子植物，叫波西多尼亚海草，又称地中海海草，其寿命可达10万年！它通过分生组织的分裂来实现繁殖，其根茎生长缓慢，但在漫长的时间里却能够蔓延几千米长。不过现在这种植物已经严重濒危了。

图书在版编目（CIP）数据

被子植物的霸主时代/ 匡廷云, 郭红卫编；吕忠平，谢清霞绘. -- 长春：吉林出版集团股份有限公司，2023.11（2024.6重印）
（植物进化史）
ISBN 978-7-5731-2243-8

Ⅰ.①被…Ⅱ.①匡…②郭…③吕…④谢…Ⅲ.①被子植物—儿童读物①Q949.7-49

中国国家版本馆CIP数据核字(2023) 第231239号

植物进化史
BEIZI ZHIWU DE BAZHU SHIDAI

被子植物的霸主时代

编　　者：匡廷云　郭红卫

绘　　者：吕忠平　谢清霞

出 品 人：于　强

出版策划：崔文辉

责任编辑：李金默

出　　版：吉林出版集团股份有限公司（www.jlpg.cn）
　　　　　（长春市福祉大路5788号，邮政编码：130118）

发　　行：吉林出版集团译文图书经营有限公司
　　　　　（http://shop34896900.taobao.com）

电　　话：总编办 0431-81629909　　营销部 0431-81629880 / 81629900

印　　刷：三河市嵩川印刷有限公司

开　　本：889mm×1194mm　1/12

印　　张：8

字　　数：100千字

版　　次：2023年11月第1版

印　　次：2024年6月第2次印刷

书　　号：ISBN 978-7-5731-2243-8

定　　价：49.80元

印装错误请与承印厂联系　　电话：13932608211

植物进化史

专家介绍

匡廷云

中国科学院院士 / 中国植物学会理事长

　　中国科学院院士、欧亚科学院院士；长期从事光合作用方面的研究，曾获得中国国家自然科学奖二等奖、中国科学院科技进步奖、亚洲—大洋洲光生物学学会"杰出贡献奖"等多项奖励，被评为国家级有突出贡献的中青年专家、中国科学院优秀研究生导师。

郭红卫

长江学者 / 中国植物学会理事

　　国际著名的植物分子生物学专家，长期从事植物分子生物及遗传学方面的研究，尤其在植物激素生物学领域取得突破性成果。2005—2015 年任北京大学生命科学学院教授；2016 年起任南方科技大学生物系讲席教授、食品营养与安全研究所所长。教育部"长江学者"特聘教授，国家杰出青年科学基金获得者，曾获中国青年科技奖、谈家桢生命科学创新奖等重要奖项。

浙江省重点（系列）教材

机械制图 习题集

主　编　吴百中
副主编　徐姗姗　蔡伟美　郑道友

采用项目化教学法编写
提供教材配套习题集
海量教学资源库

浙江大学出版社
ZHEJIANG UNIVERSITY PRESS

班级学院校铸造斜度拔模公差调质

工整笔画清楚间隔均匀排列整齐圈垫密封填料爪

特征工作自然平衡位置泵阀盖旋塞传动带板扳手

CDEFGHIJKLMNOPQRSTUVWXYZ

efghijklmnopqrstuvwxyz 1234567890RØ

1-2 图线练习

在指定位置，抄画图线和图形。

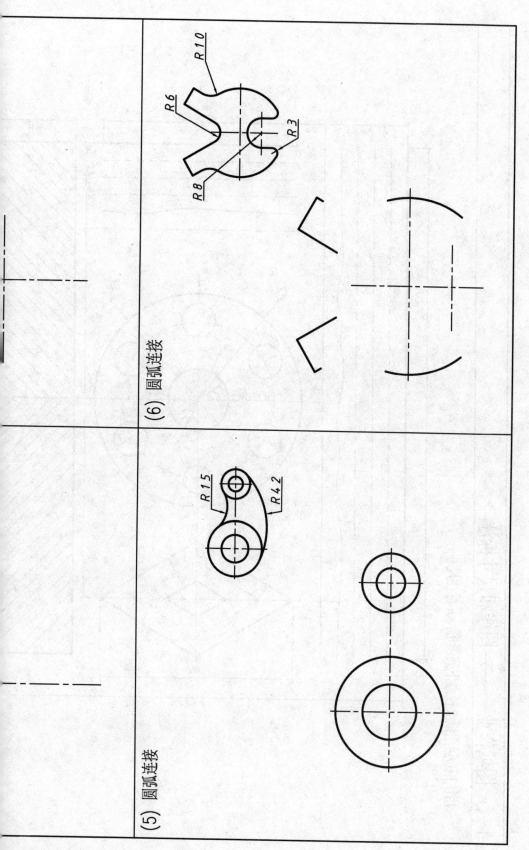

(6) 圆弧连接

R10

R6

R3

R8

(5) 圆弧连接

R15

R42

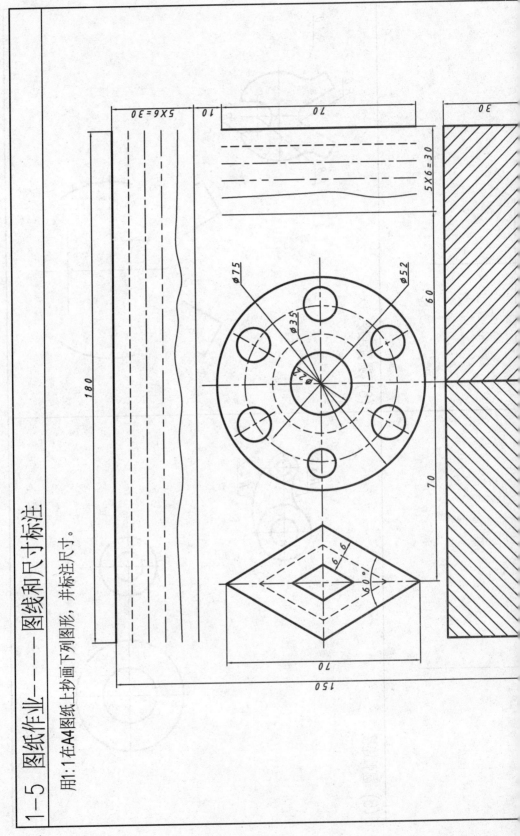

1—5 图纸作业————图线和尺寸标注

用1:1在A4图纸上抄画下列图形，并标注尺寸。

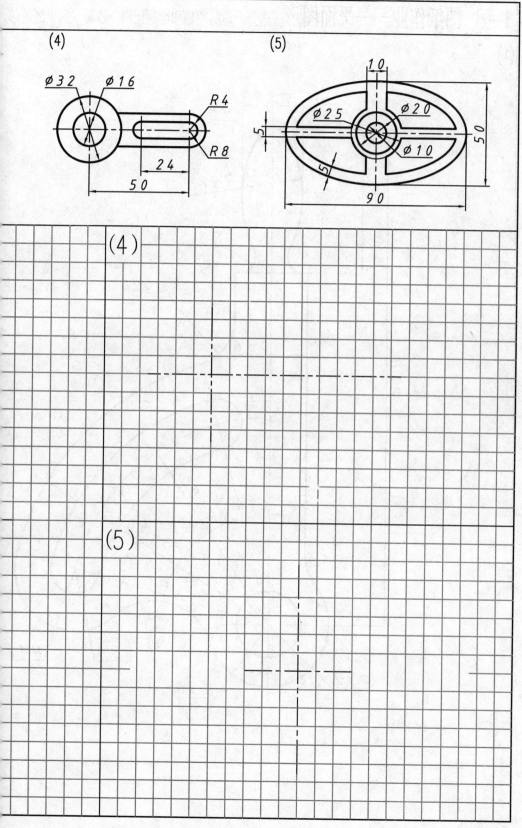

(4)

Ø32 Ø16   R4

R8

24

50

(5)

10

Ø25   Ø20

5

Ø10

5

50

90

(4)

(5)

(1)

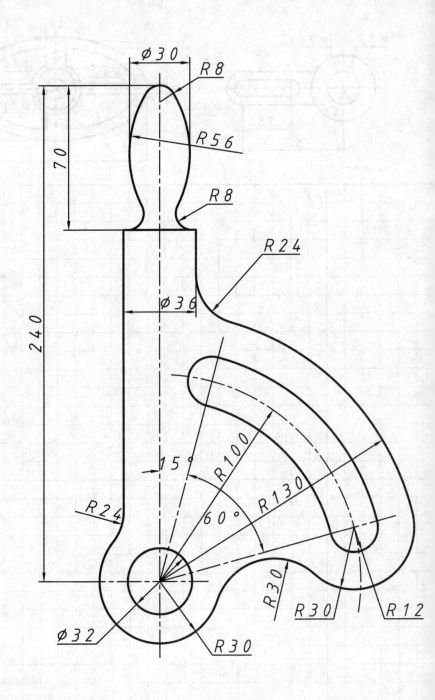

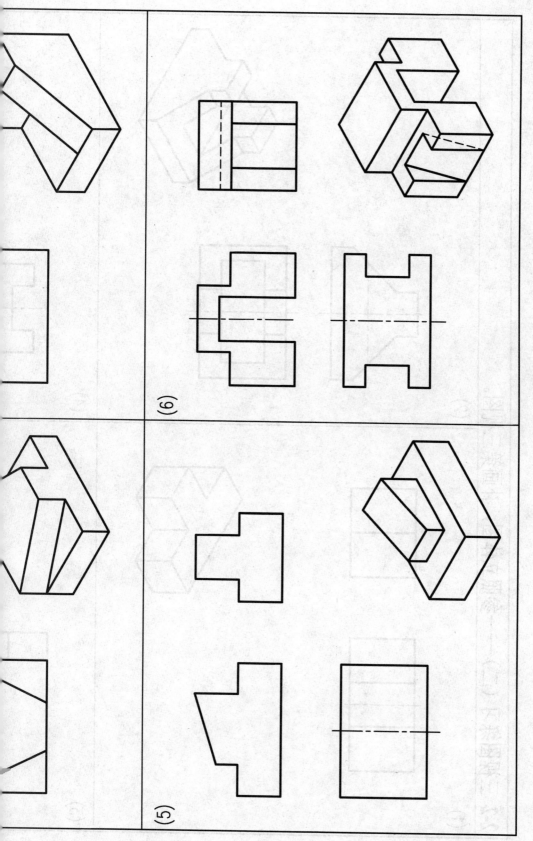

(6)

(5)

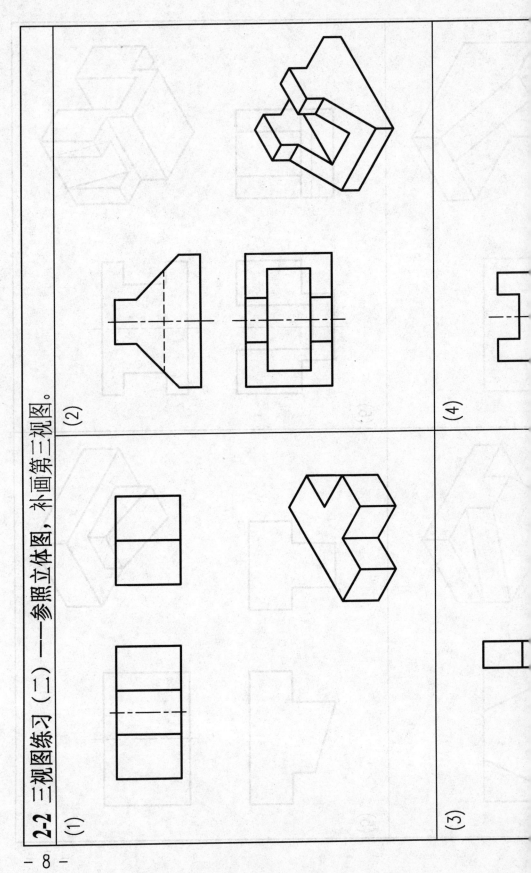

2-2 三视图练习（二）——参照立体图，补画第三视图。

(1)

(2)

(3)

(4)

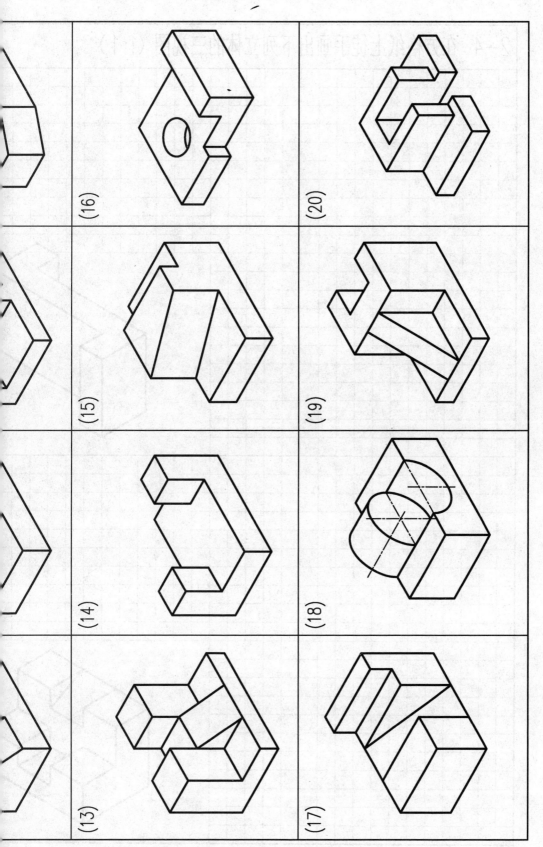

(16)

(20)

(15)

(19)

(14)

(18)

(13)

(17)

2-4 在方格纸上徒手画出下列立体的三视图 (1:1)

2-6 直线的投影（一）

补画直线的第三投影，并判断其对投影面的相对位置。

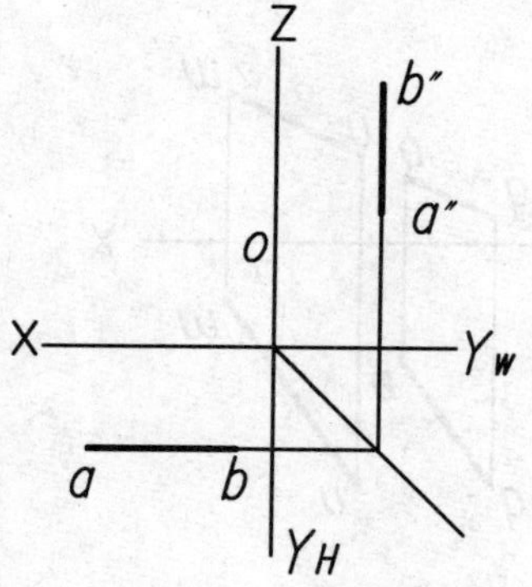

线_____

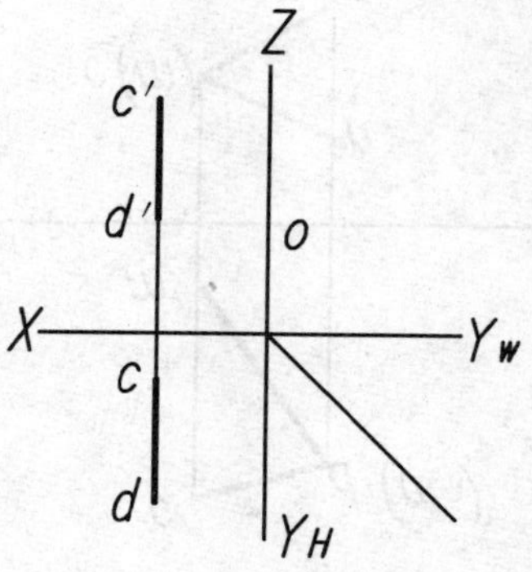

线_____

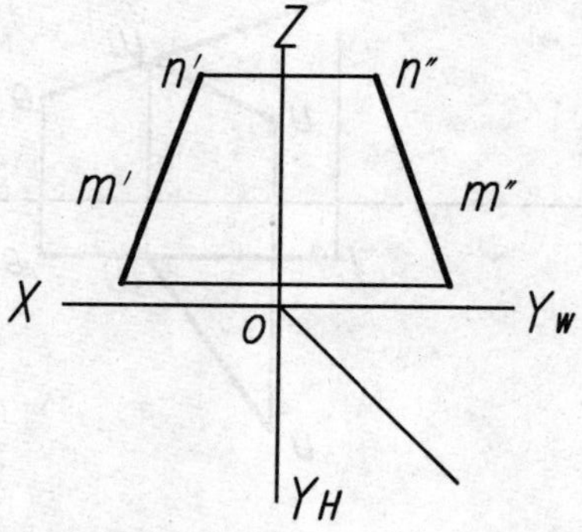

线_____

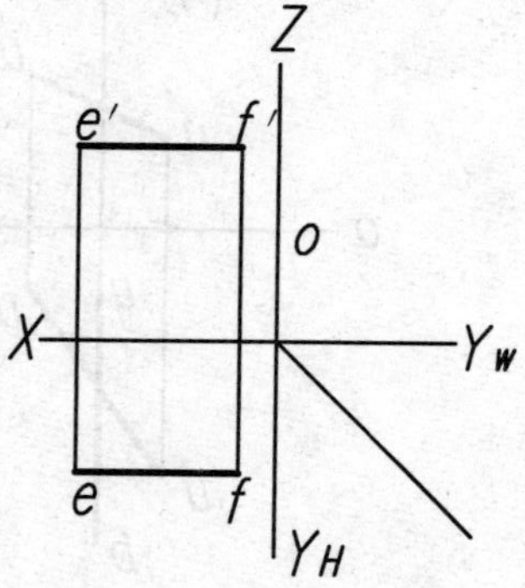

线_____

2-7 直线的投影（二）

(1) 判断下列两直线在空间的相对位置。

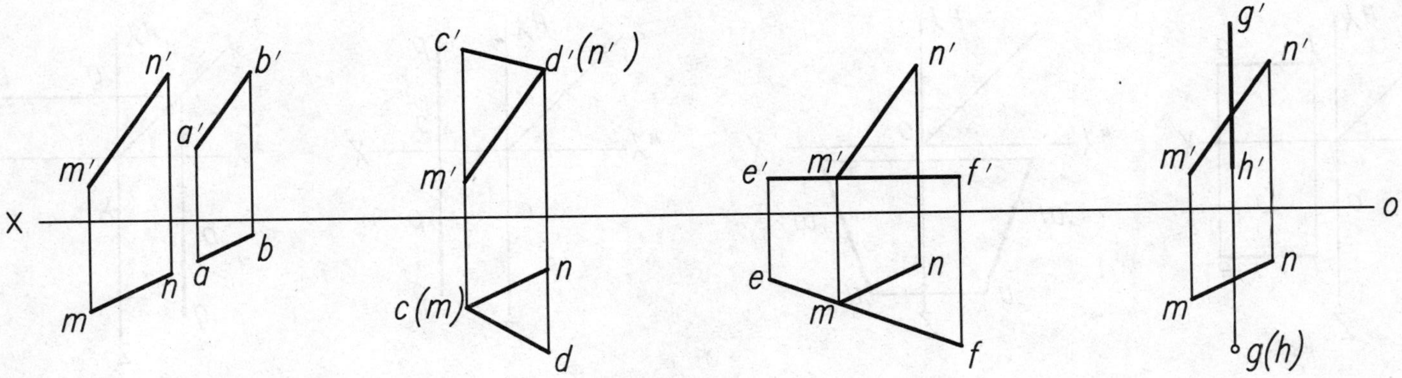

直线AB和MN_____，

_____和MN_____。

直线CD和MN_____，

直线EF和MN_____，

直线GH_____。

(2) 对照立体图，填写线段AB、AC、CD、EF的三面投影，并判断直线的空间位置及直线间的相对位置。

判断单直线的空间位置；

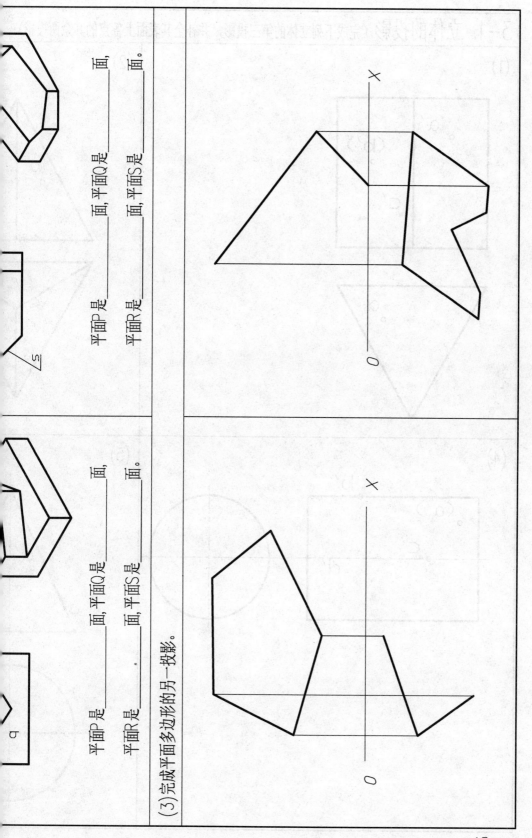

平面P是＿＿＿＿面，平面Q是＿＿＿＿面，

平面R是＿＿＿＿面，平面S是＿＿＿＿面。

平面P是＿＿＿＿面，平面Q是＿＿＿＿面，

平面R是＿＿＿＿面，平面S是＿＿＿＿面。

(3)完成平面多边形的另一投影。

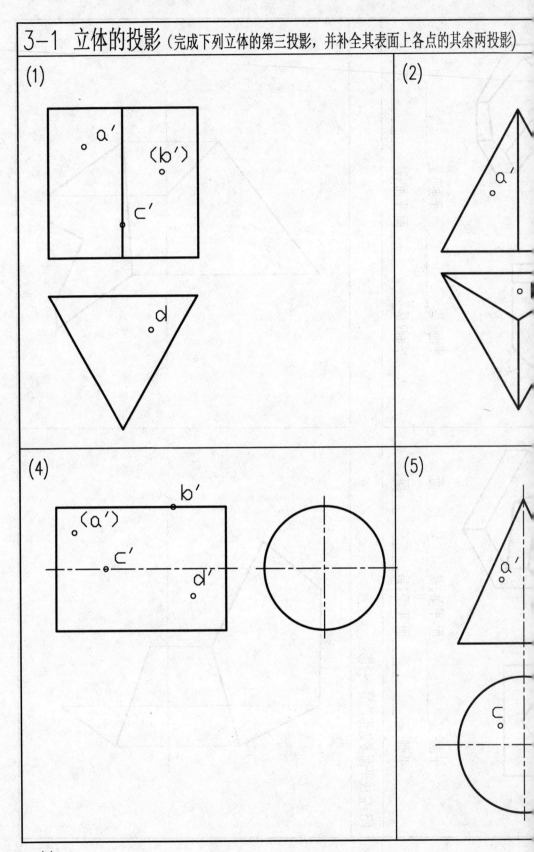

(1)

(2)

(4)

(5)

(3)

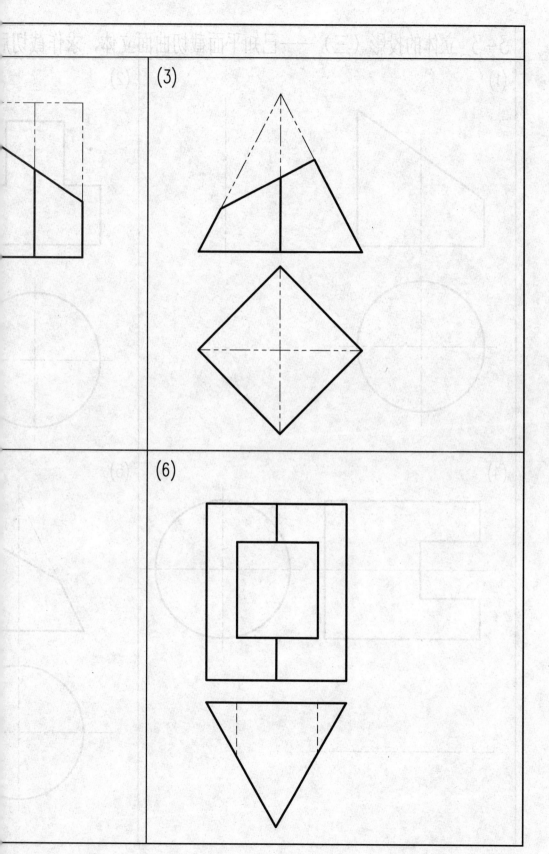

(6)

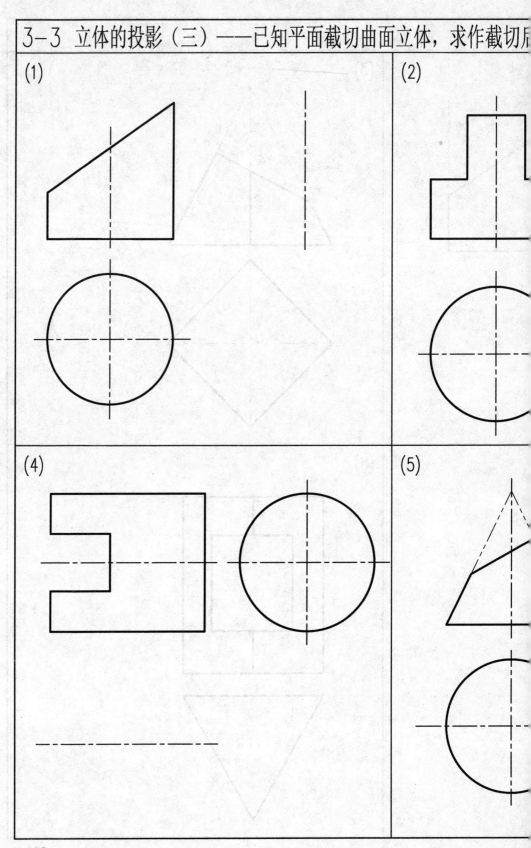

(1)

(2)

(4)

(5)

(3)

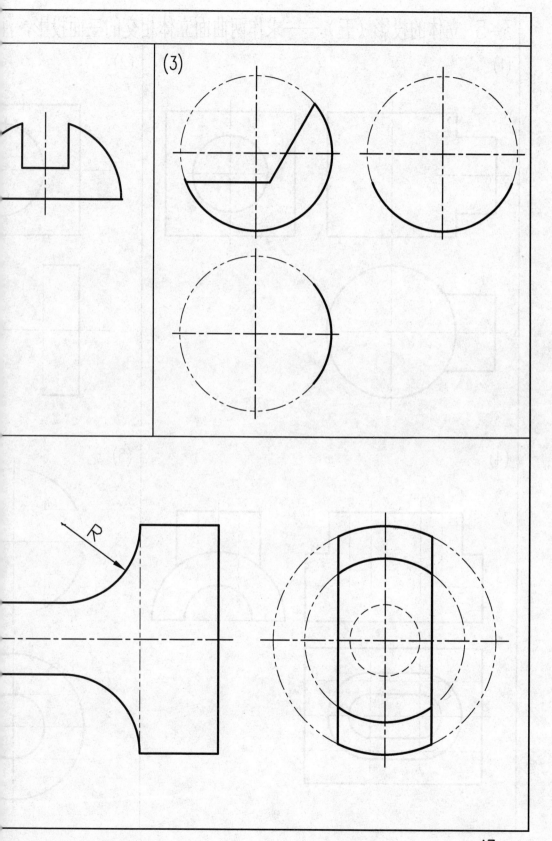

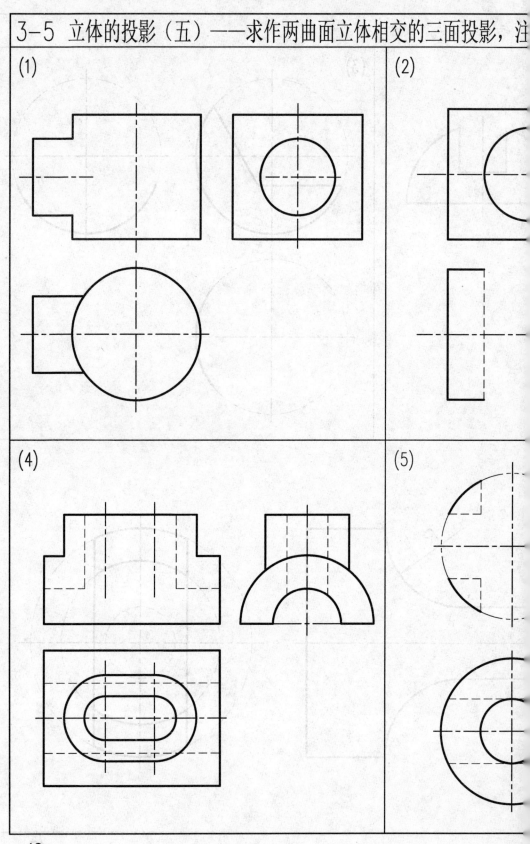

(1)

(2)

(4)

(5)

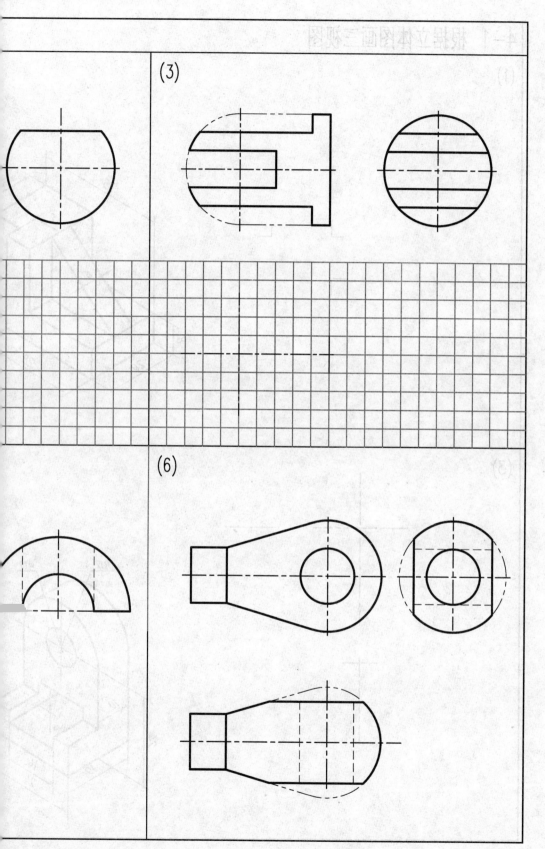

(3)

(6)

4-1 根据立体图画三视图

(1)

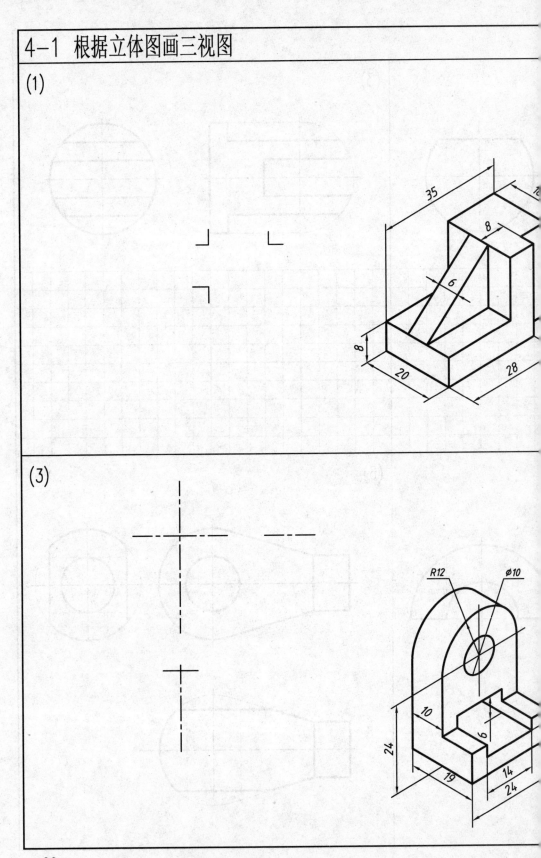

(3)

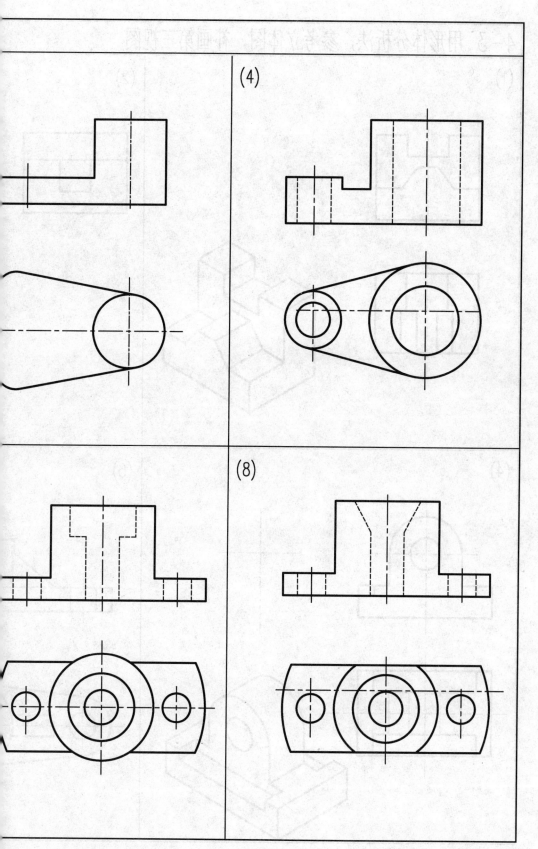

(4)

(8)

(1)

(2)

(4)

(5)

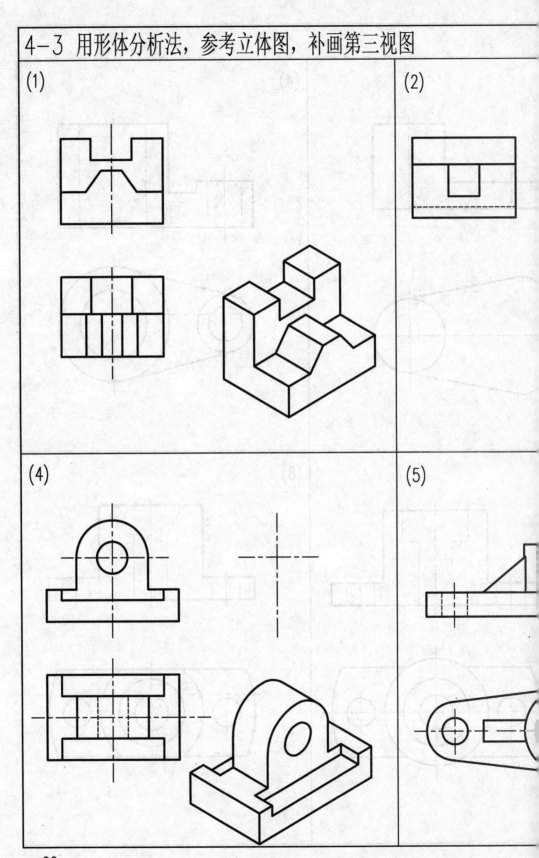

(3)

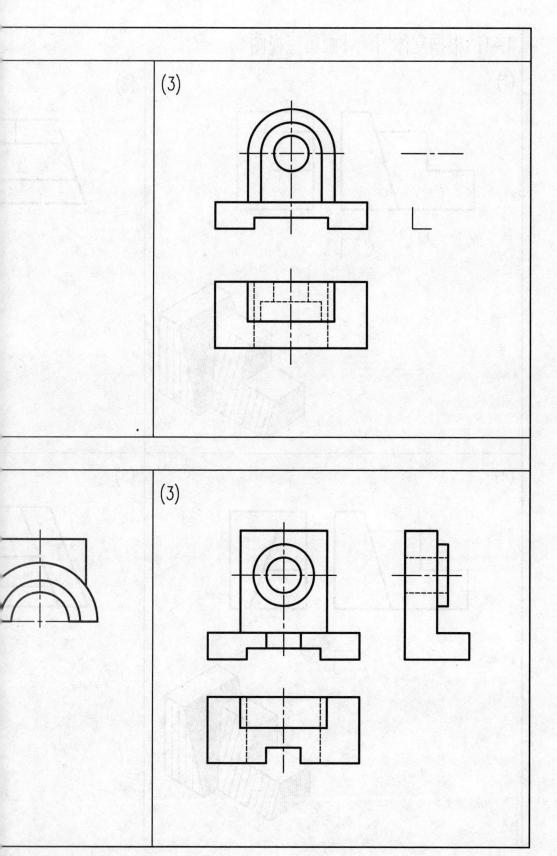

(3)

4-6 根据立体图，补画第三视图

(1)

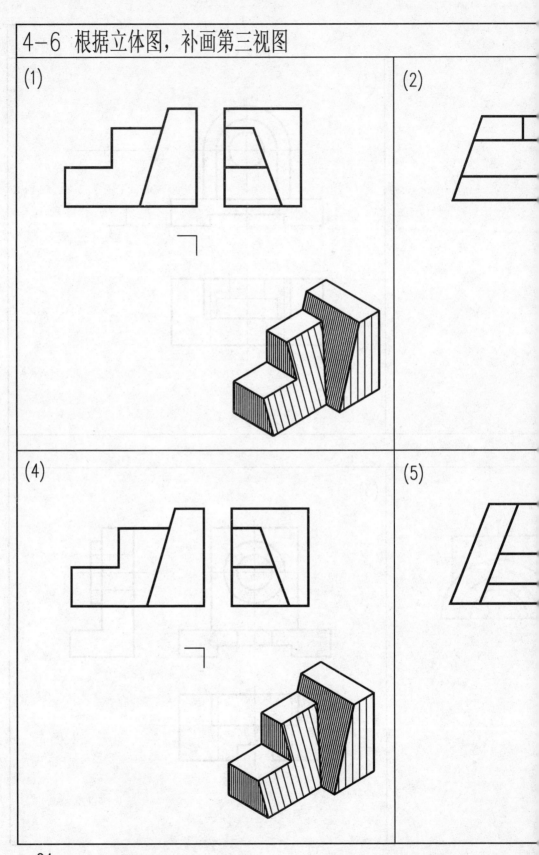

(2)

(4)

(5)

(3)

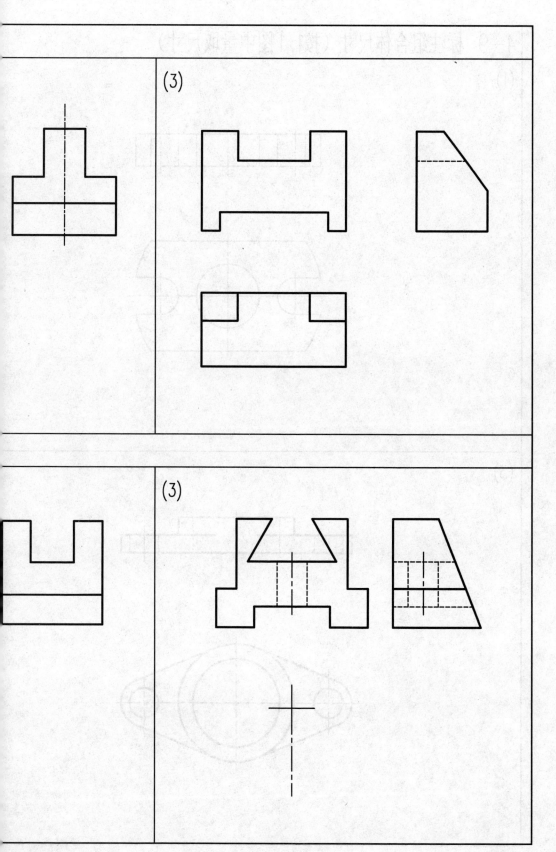

(1)

(3)

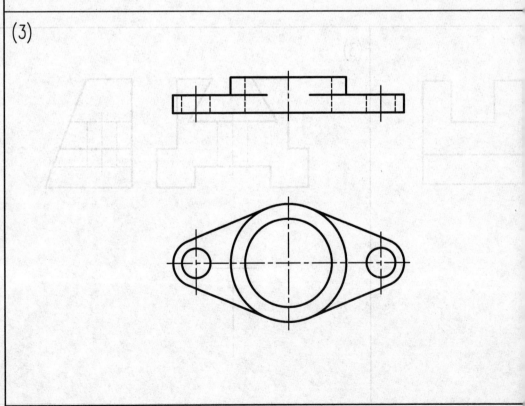

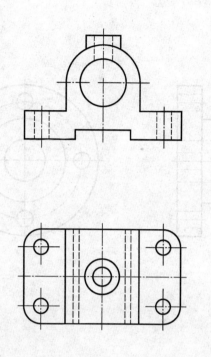

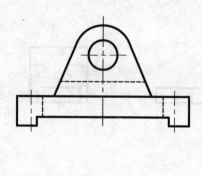

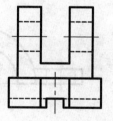

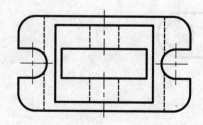

4-11 标注组合体尺寸（按1:1图中量取尺寸）

(1)

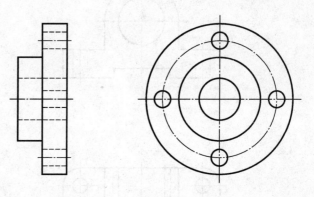

(3)

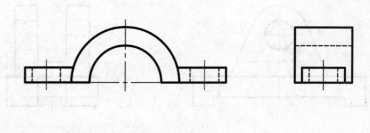

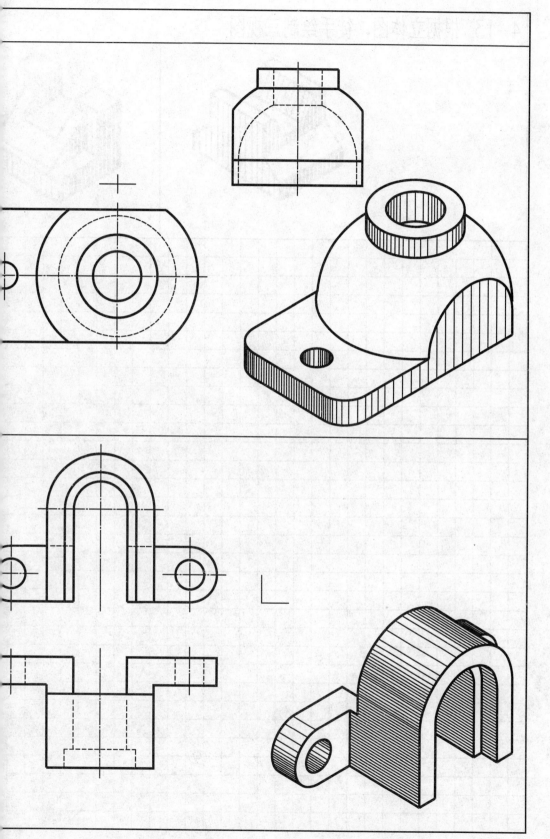

4-13 根据立体图，徒手绘制三视图

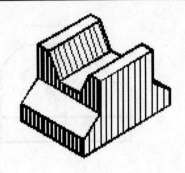
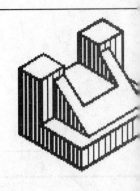

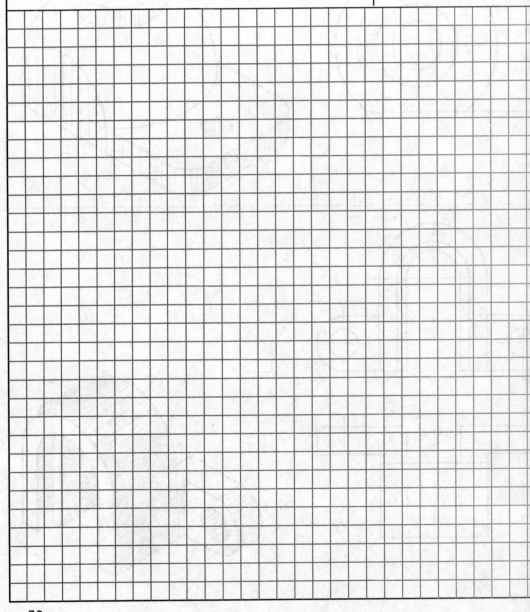

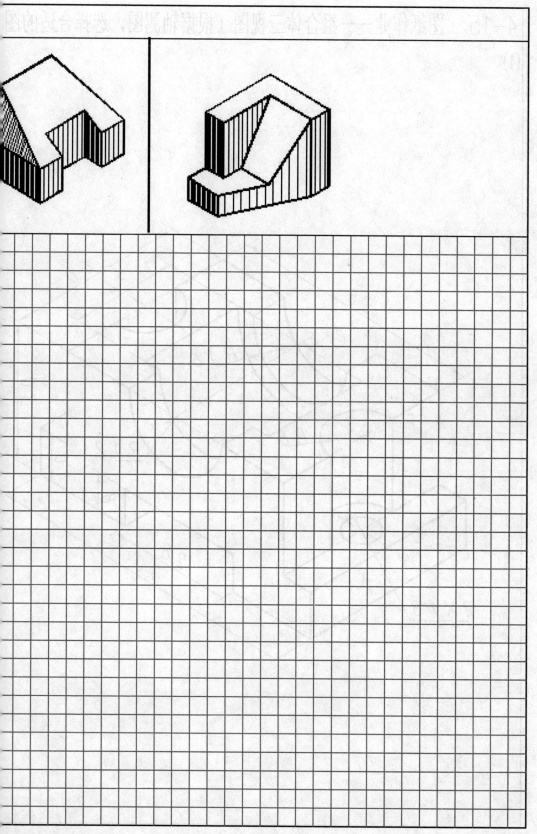

4-15　图纸作业——组合体三视图（根据轴测图，选择合适的图

(1)

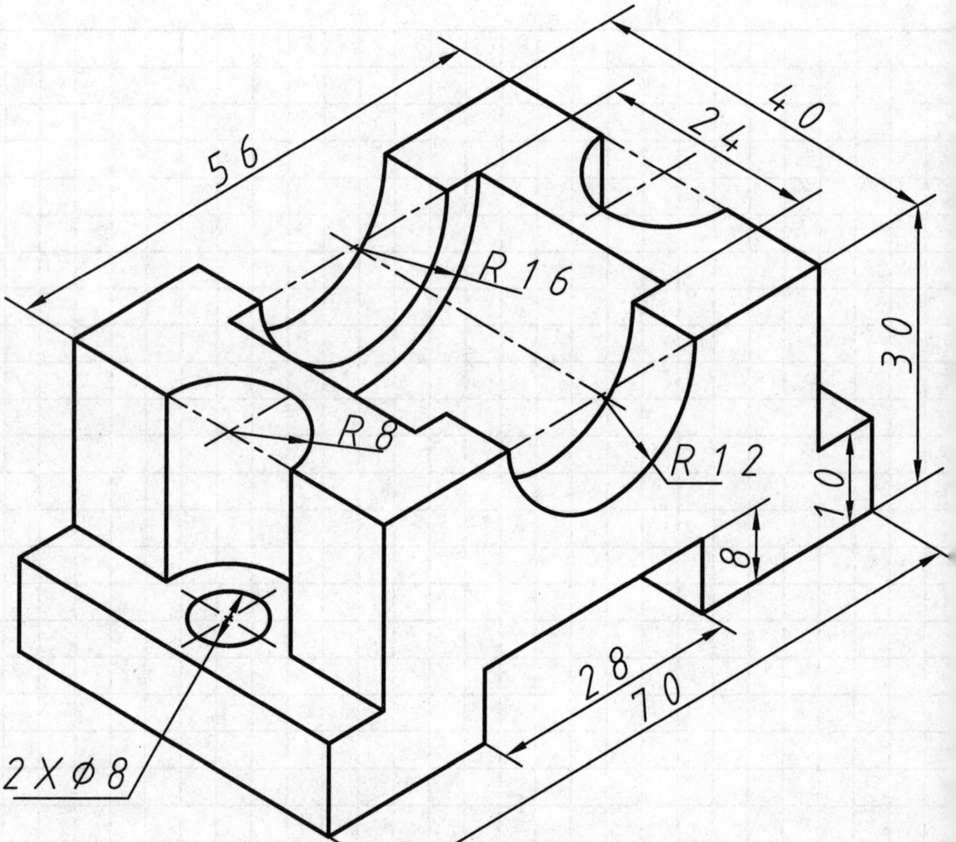

56
40
24
R16
30
R8
R12
10
8
28
70
2XΦ8

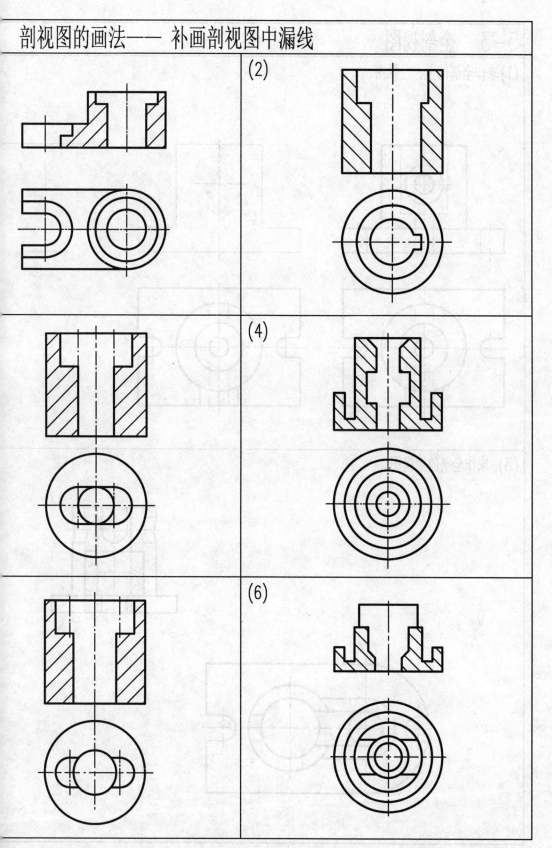

(2)

(4)

(6)

5-3 全剖视图

(1)求作全剖的主、左视图。

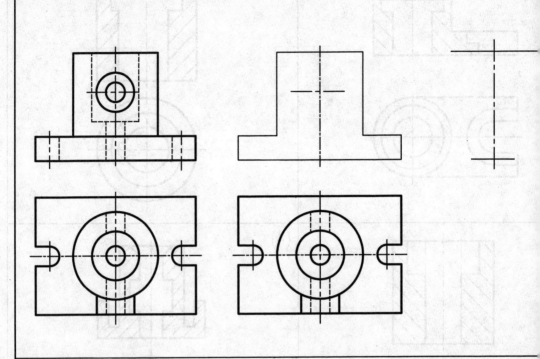

(3) 求作全剖的主视图。

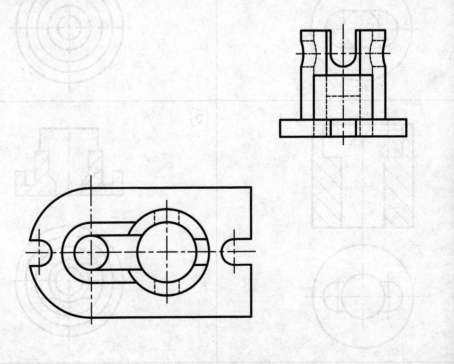

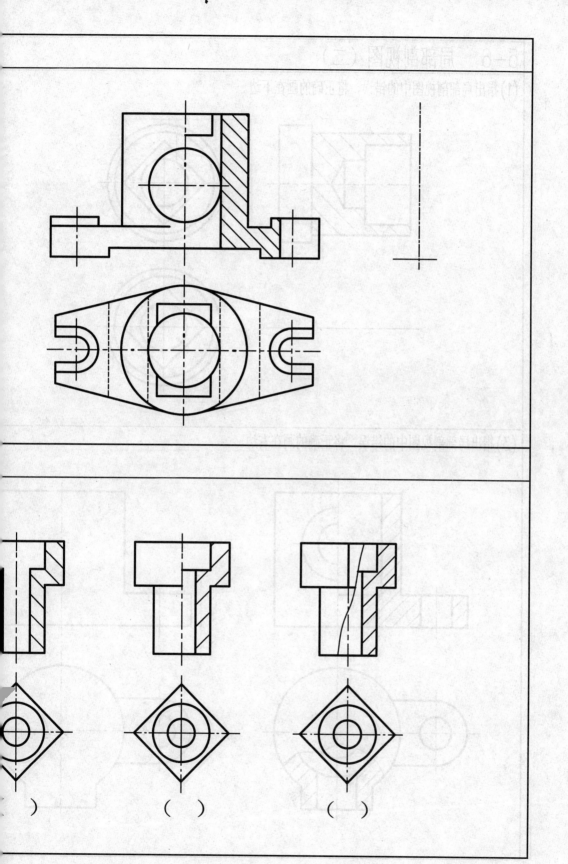

(1)指出局部剖视图中的错误，将正确的画在下边。

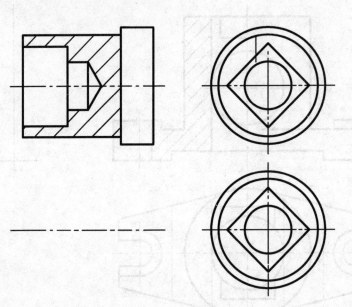

(3)指出局部剖视图中的错误，将正确的画在右边。

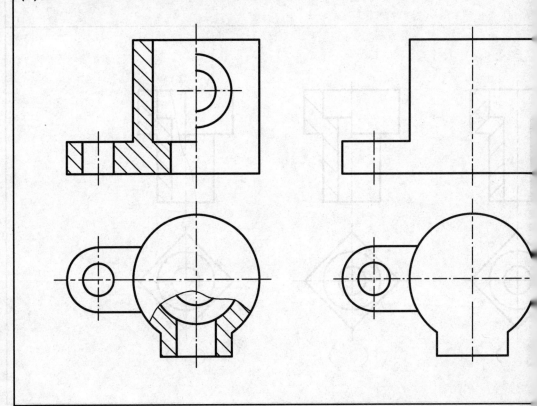

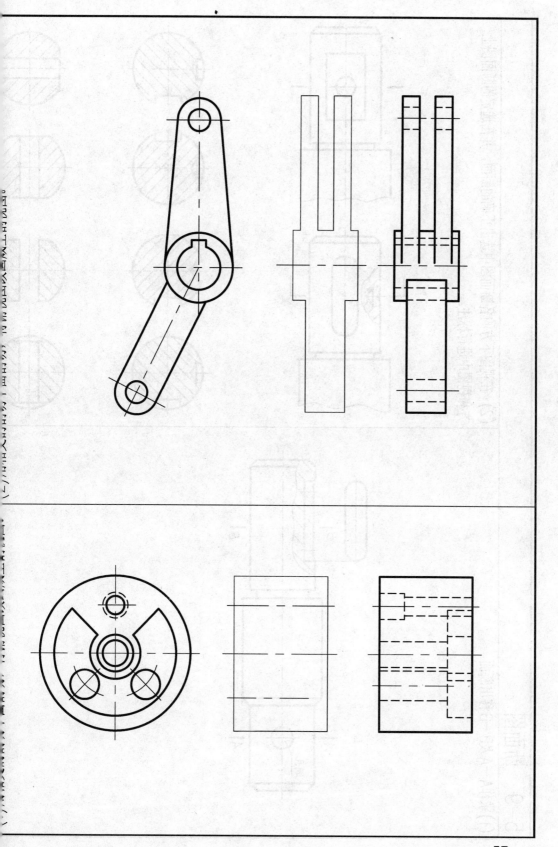

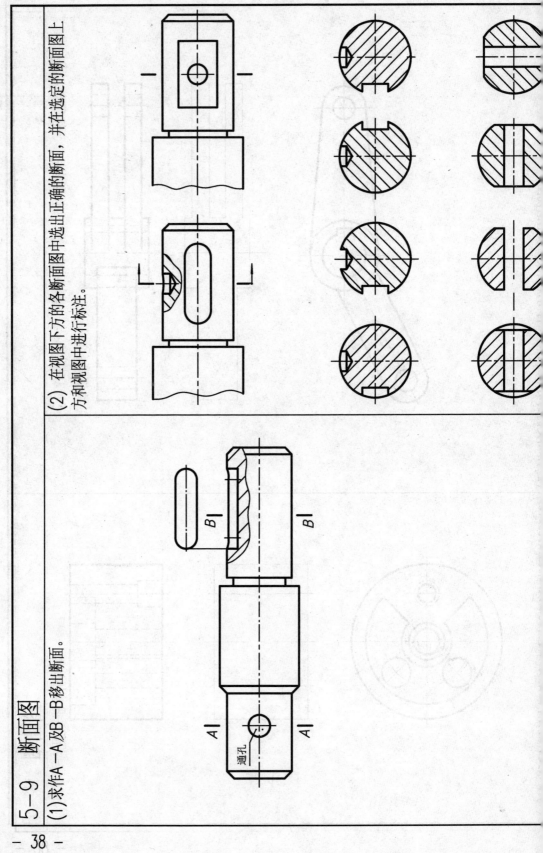

5-9 断面图

(1)求作A-A及B-B移出断面。

通孔

(2) 在视图下方的各断面图中选出正确的断面，并在选定的断面图上方和视图中进行标注。

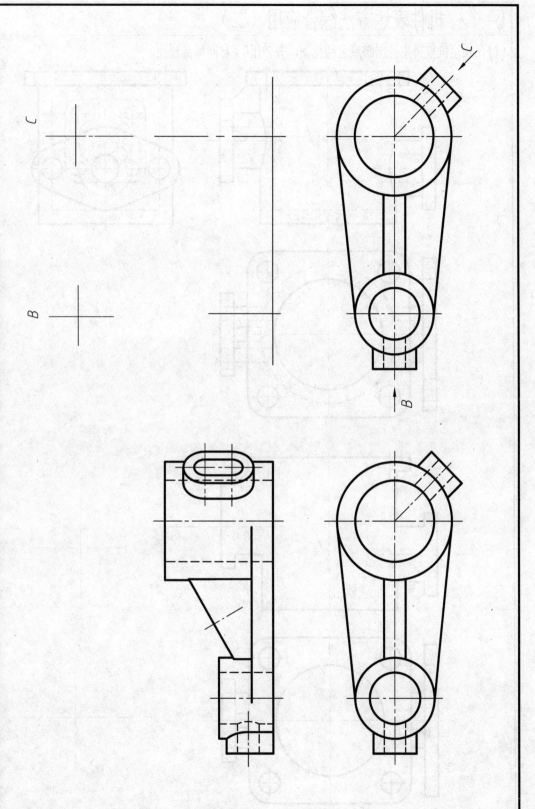

5-12 机件表达方法综合应用（二）

(1)在指定位置将主视图画成全剖视图，并画出A、B向局部视图。

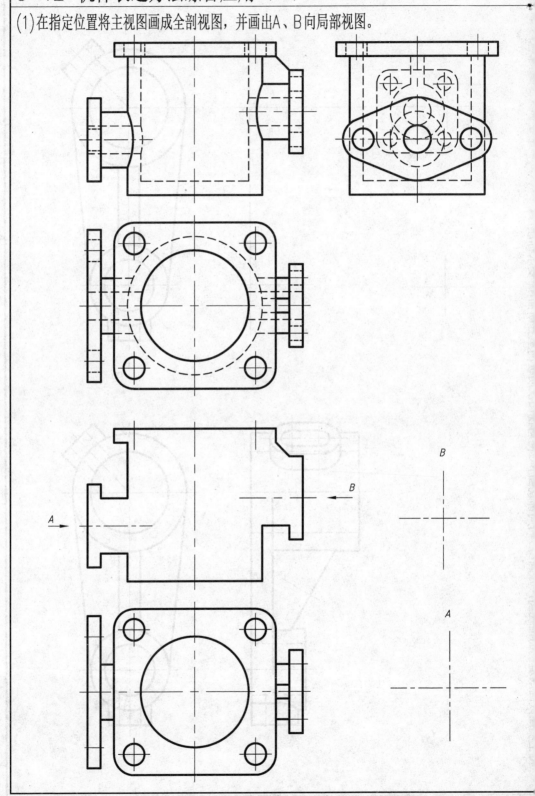

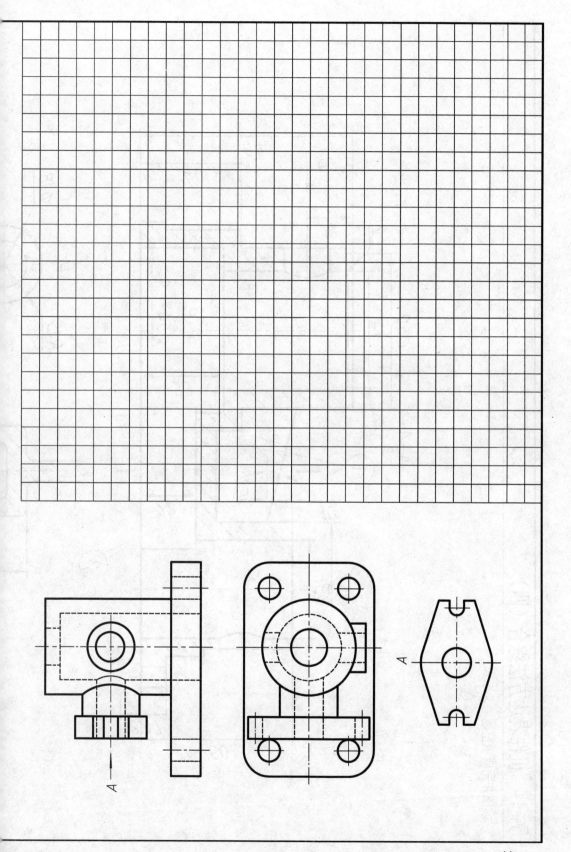

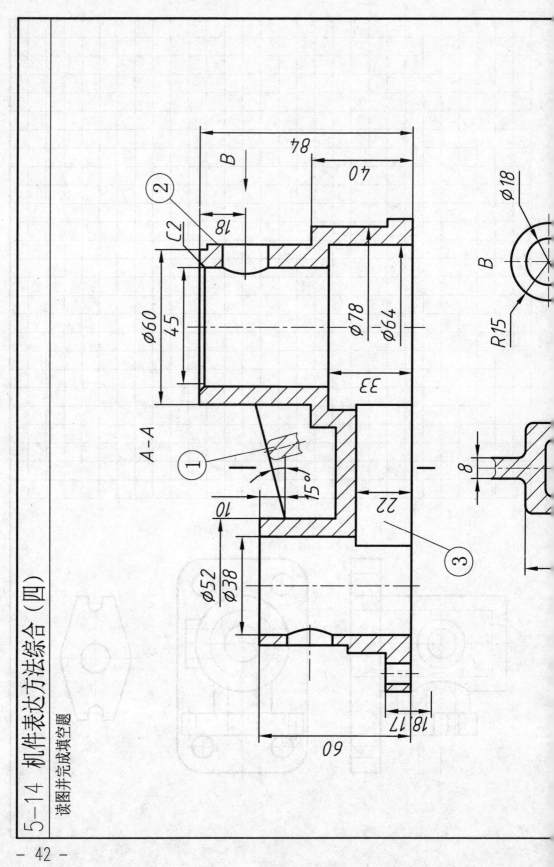

5-14 机件表达方法综合（四）

读图并完成填空题

- 42 -

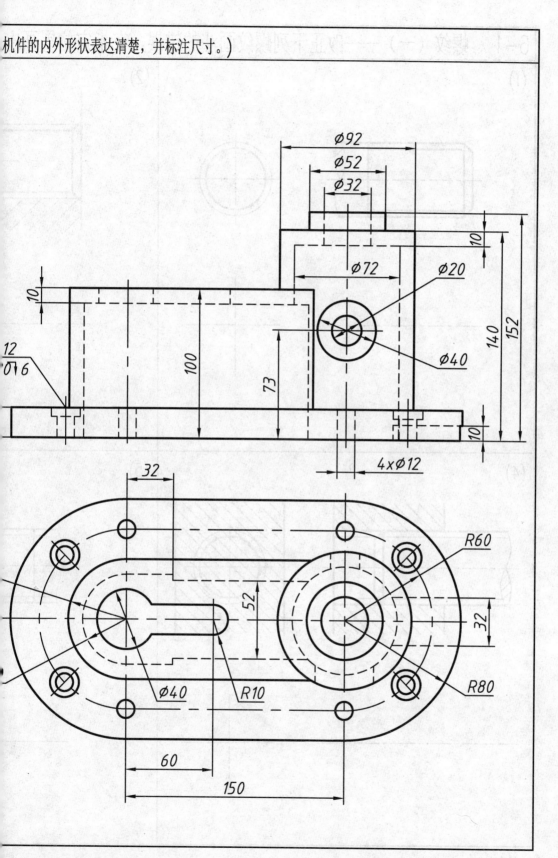

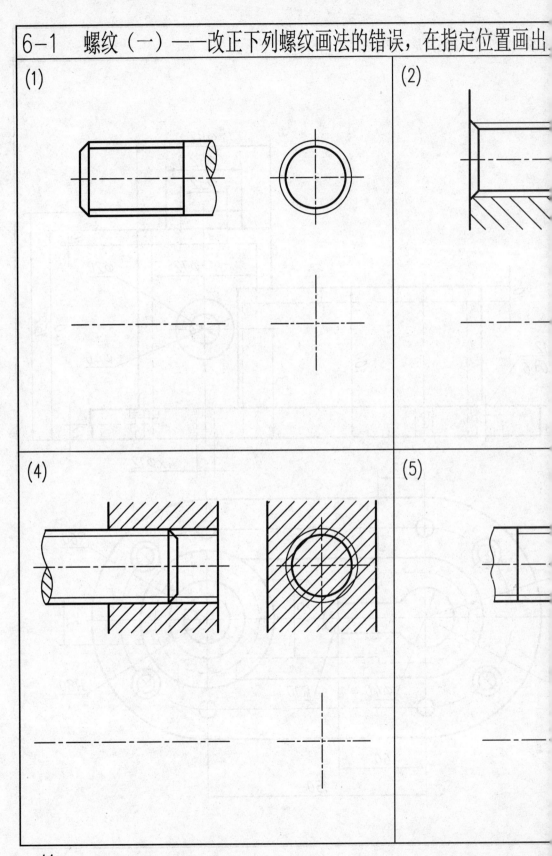

，左旋，中径公差带

(3)梯形螺纹，公称直径为48mm，螺距5mm，双线，右旋，中径公差带代号6h，中等旋合长度。

旋。

(6)非螺纹密封内管螺纹，尺寸代号为1/2，右旋，与B级外管螺纹连接。

6-3 螺纹（三）——查表填写下列螺纹标记的含义

螺纹标记	螺纹种类	内、外螺纹	公称直径	螺距	导程	线数	旋向	中径公差带代号	顶径公差带代号	旋合长度代号
M20-6g										
M24×2-5H-LH										
M14×Ph6P2-7H-L-7H										
Tr36×6-7H-LH										
Tr36×12(P6)-7e-L										

螺纹标记	螺纹种类	内、外螺纹	尺寸代号	螺纹大径	螺纹小径	管子孔径 mm	旋向	公差等级
G1								
G1/2B-LH								
Rp1								
Rc3/8LH								

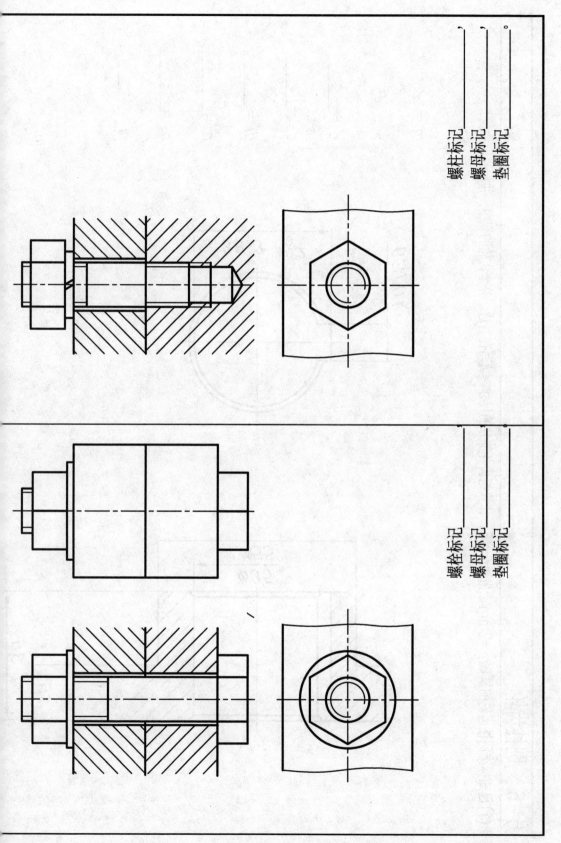

螺柱标记
螺母标记
垫圈标记

螺栓标记
螺母标记
垫圈标记

6-6 圆柱齿轮

(1) 已知标准圆柱齿轮的模数m=2mm，齿数z=45，计算绘齿各部分的尺寸，填写在右边，补全齿轮的视图，并标注尺寸。

$m = 2$

$z = 45$

$d = $ _____

$d_a = $ _____

$d_f = $ _____

$h = $ _____

$h_a = $ _____

$h_f = $ _____

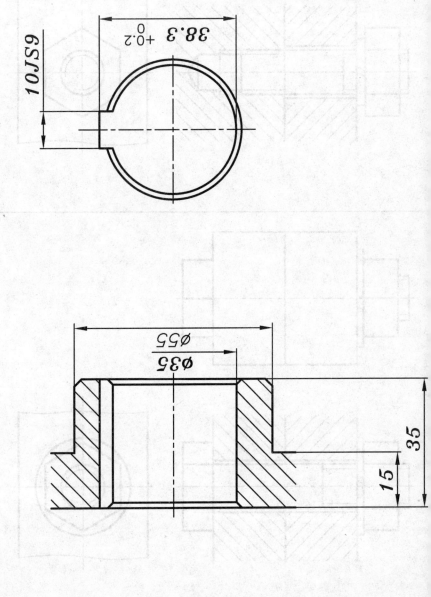

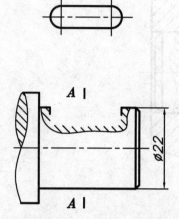

A—A

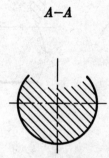

$\phi 22$

B—B

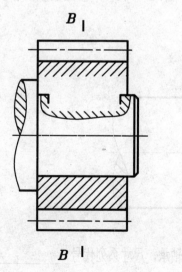

6-8　销

选用公称直径为6mm的A型圆锥销（GB/T117-2000）进行连接，按1:1补画连接图，并
的标记。

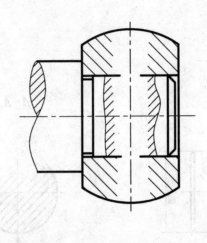

销标记_____

6-10　滚动轴承

(1)根据滚动轴承的标记代号为: 滚动轴承6305 GB/T 276-1994，查表确定相关尺寸，用
画法，按1:1比例在轴端画出滚动轴承的图形。

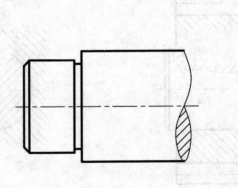

该轴承是_____轴承，尺寸系列代号_____,

其内径为_____mm，mm外径为_____mm，宽度为_____m

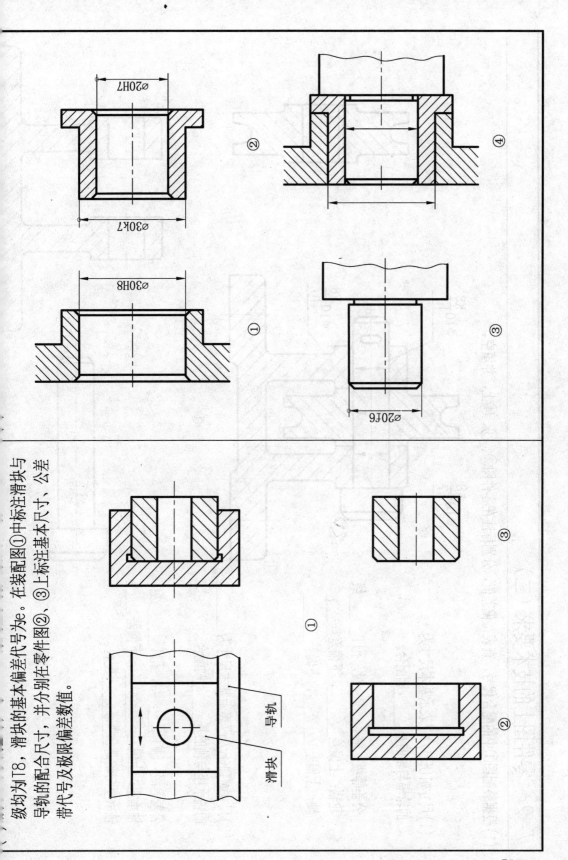

级均为T8，滑块的基本偏差代号为为。在装配图①中标注滑块与导轨的配合尺寸，并分别在零件图②、③上标注基本尺寸、公差带代号及极限偏差数值。

φ20H7

φ30K7

φ30H8

φ20f6

导轨

滑块

① ② ③ ④

- 51 -

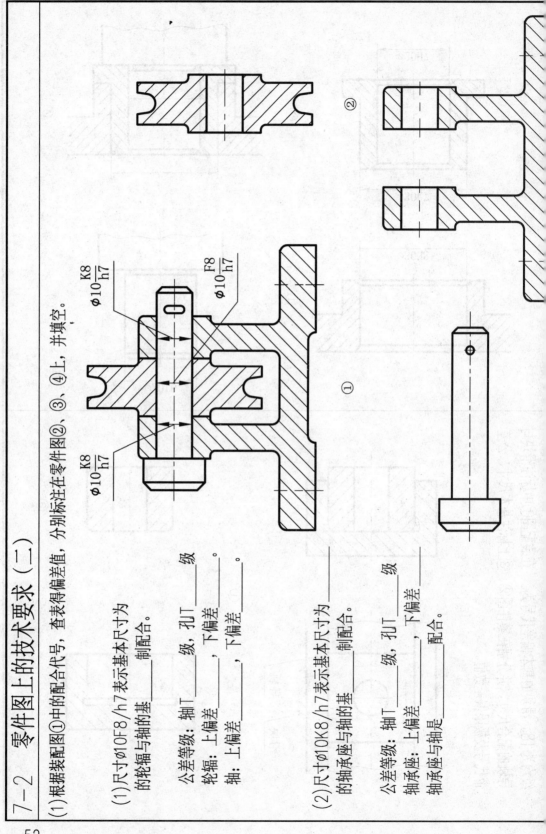

7-2 零件图上的技术要求（二）

(1) 根据装配图①中的配合代号，查表得偏差值，分别标注在零件图②、③、④上，并填空。

(1) 尺寸φ10F8/h7表示基本尺寸为_____的轮辐与轴的基_____制配合。

公差等级：轴T_____级，孔T_____级

轮辐：上偏差_____，下偏差_____

轴：上偏差_____，下偏差_____。

(2) 尺寸φ10K8/h7表示基本尺寸为_____的轴承座与轴的基_____制配合。

公差等级：轴T_____级，孔T_____级

轴承座：上偏差_____，下偏差_____

轴承座与轴是_____配合。

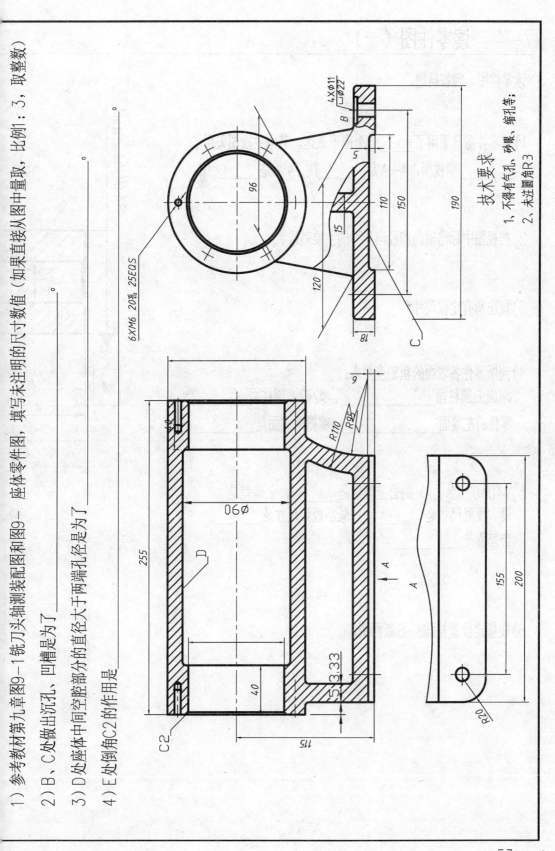

1）参考教材第九章图9－1铣刀头轴测装配图和图9－座体零件图，填写未注明的尺寸数值（如果直接从图中量取，比例1：3，取整数）

2）B、C处做出沉孔，凹槽是为了＿＿＿＿＿＿＿＿

3）D处座体中间空腔部分的直径大于两端孔径是为了＿＿＿＿＿＿＿＿

4）E处倒角C2的作用是＿＿＿＿＿＿＿＿

技术要求

1、不得有气孔、砂眼、缩孔等；
2、未过圆角R3

- 53 -

7-4 读零件图（一）

读零件图，回答问题。

1)该零件图已采用了_____个图形表达，其中主视图采用了
_____剖视图，A-A是_____图，4:1是_____图。

2)在视图中标出轴向和径向尺寸的主要基准。

3)找出所有定位尺寸。

4)判断零件各表面的粗糙度要求：
∅40h6圆柱面_____，∅26h6圆柱面_____，
零件的左端面_____，键槽两侧面是_____。

5)∅40h6（$^{0}_{-0.016}$）的公差等级是_____，上偏差是_____，
最大极限尺寸是_____，最小极限尺寸是_____，
公差值是_____。

6)在指定位置补画B-B断面图。

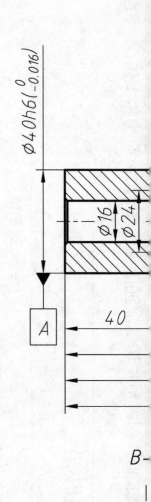

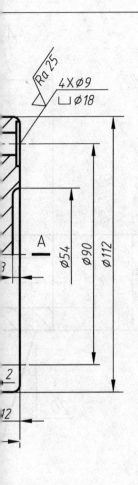

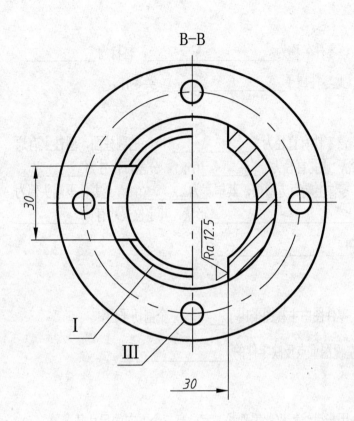

B-B

30

30

Ra 12.5

I

III

4×∅9
⊔ ∅18

Ra 25

∅54
∅90
∅112

A

技术要求

未注铸造圆角R3。

√(√)

标记	处数	分区	更改文件号	签名	年.月.日				温州职业技术学院
设 计			标准化						端盖
						阶段标记	重量	比例	
审 核									7-5-01
工 艺			批准			共 张 第 张			

HT150

读零件图，回答问题。

A-

1）该零件名称为＿＿＿＿＿＿＿＿＿，材料为＿＿＿＿＿，

此零件属于＿＿＿＿＿＿＿＿＿类零件。

2）该零件有直径为＿＿＿＿＿＿＿mm 的圆柱面，圆柱上有通

孔，通孔直径为＿＿＿＿＿mm，公差带代号为＿＿＿＿。

零件上端有方形槽，其槽宽为＿＿＿mm。零件下端头部为

＿＿＿＿＿＿＿形状，其定位尺寸有 ＿＿＿＿＿

和＿＿＿＿＿＿＿＿。

3）零件图中主视图采用了＿＿＿＿个剖切平面，

左视图重点反映零件的＿＿＿＿＿＿＿＿＿。

4）用指引线标出此零件长、宽、高三个方向的尺寸基准。

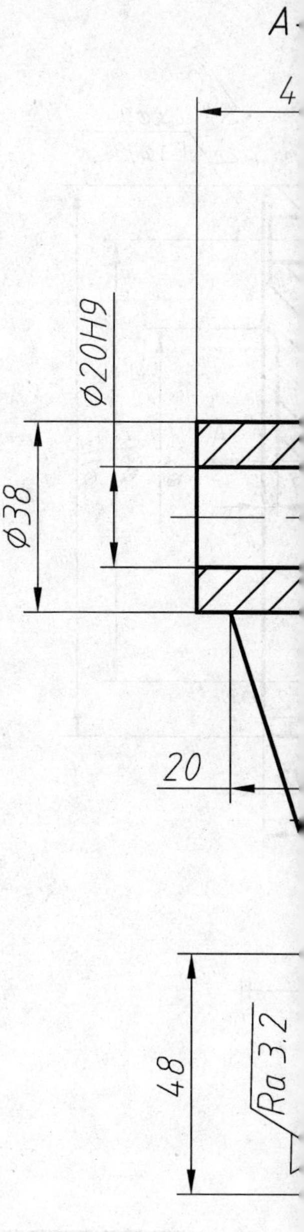

$\phi 20H9$

$\phi 38$

20

48

$\sqrt{Ra\ 3.2}$

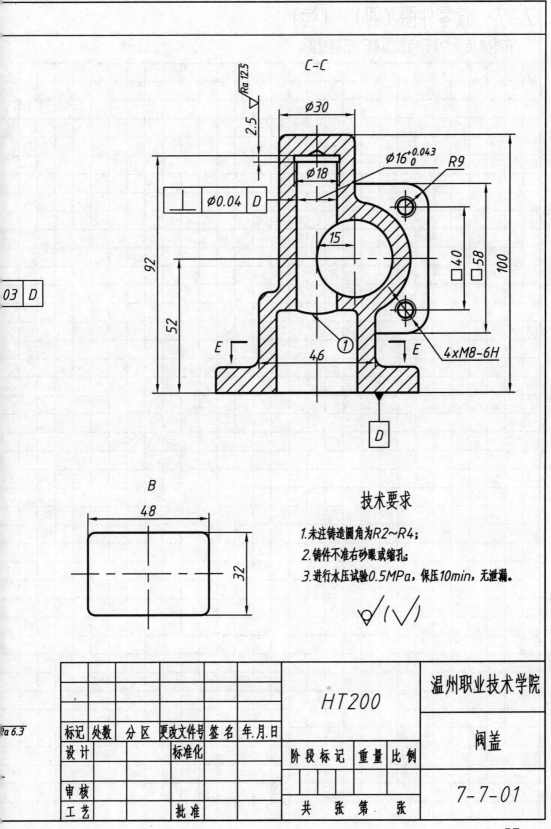

C-C

Ø30

2.5 √Ra 12.5

Ø18

Ø16+0.043₀

R9

⊥ Ø0.04 D

15

□40

□58

100

92

52

03 D

E

4.6

①

E

4×M8-6H

D

B

48

32

技术要求

1.未注铸造圆角为R2~R4；
2.铸件不准右砂眼或缩孔；
3.进行水压试验0.5MPa，保压10min，无泄漏。

√(√)

Ra 6.3

标记	处数	分区	更改文件号	签名	年.月.日			HT200		温州职业技术学院
设计			标准化							阀盖
						阶段标记	重量	比例		
审核										7-7-01
工艺			批准			共 张 第 张				

在本页徒手绘制F向视图和E-E剖视图。

F

顶的装配示意图

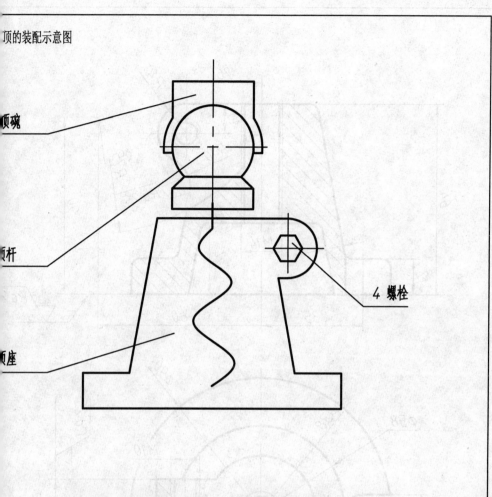

顶碗

顶杆

4 螺栓

顶座

4	GB/T 5782-2000	螺栓M10x30	1	
3	ZD-03	顶座	1	
2	ZD-02	顶杆	1	
1	ZD-01	顶碗	1	
序号	代 号	名 称	数量	备 注

标记	处数	分区	更改文件号	签名	年.月.日				温州职业技术学院
设 计			标准化			阶段标记	重量	比例	支顶
审核									ZD-00
工艺			批准			共 张 第 张			

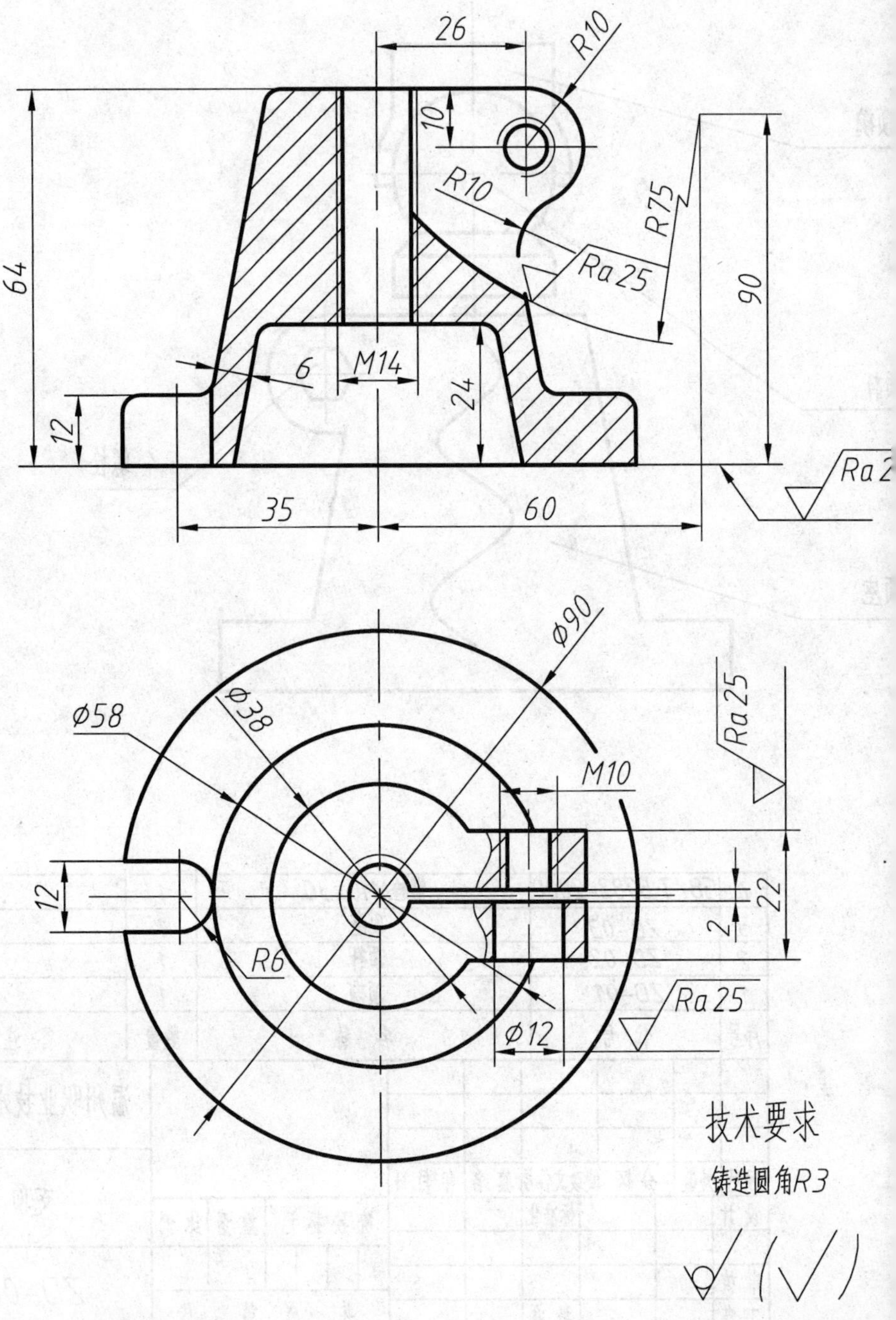

技术要求

铸造圆角R3

材料	HT200	图名
数量	1	图号

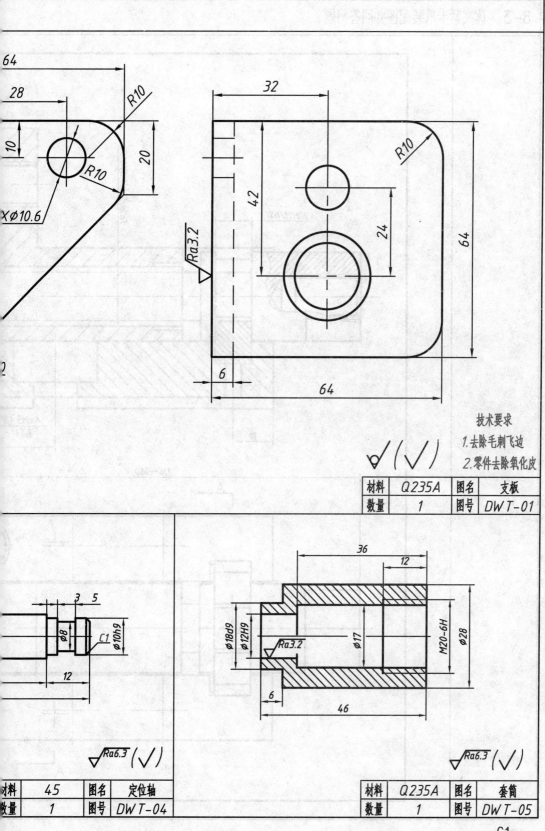

技术要求

1.去除毛刺飞边

2.零件去除氧化皮

材料	Q235A	图名	支板
数量	1	图号	DWT-01

材料	45	图名	定位轴
数量	1	图号	DWT-04

材料	Q235A	图名	套筒
数量	1	图号	DWT-05

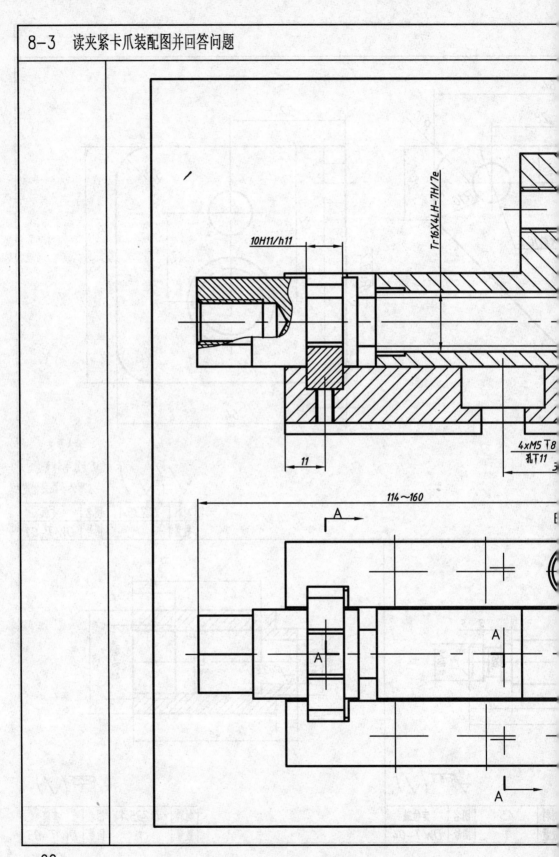

10H11/h11

Tr16X4LH-7H/7e

11

4xM5 ⊤8
孔⊤11

114～160

A

A

A

A

卡爪	比例	数量	材料	图号
		1	45	JJKZ-01
制图		日期		

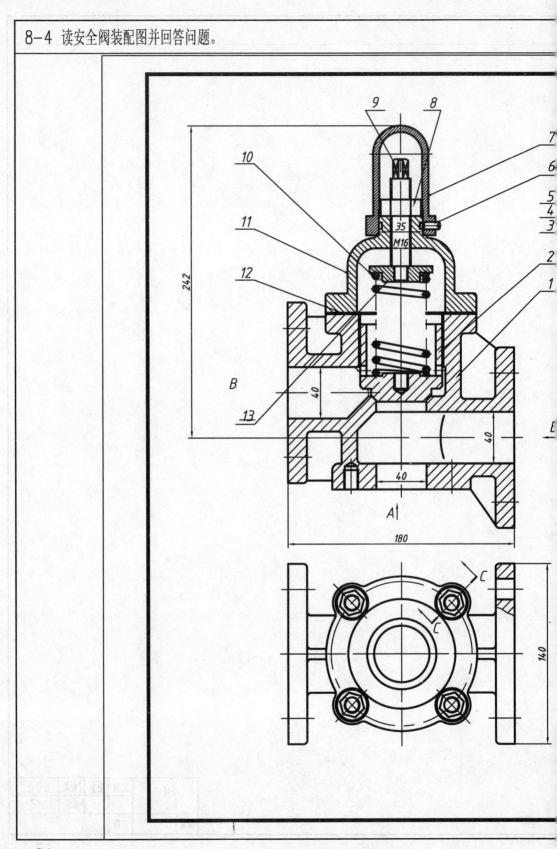

阀门	比例	数量	材料	图号
		1	45	AQF-02
制图		日期		

螺杆	比例	数量	材料	图号
		1	45	AQF-02
制图		日期		

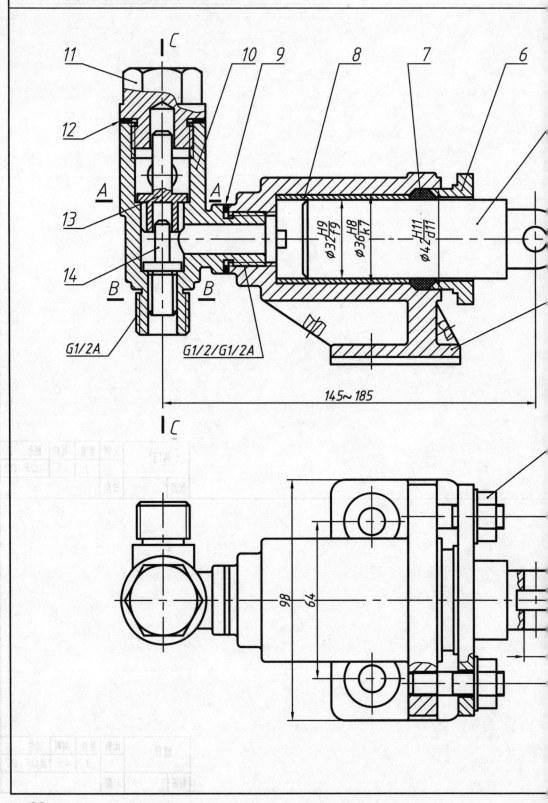

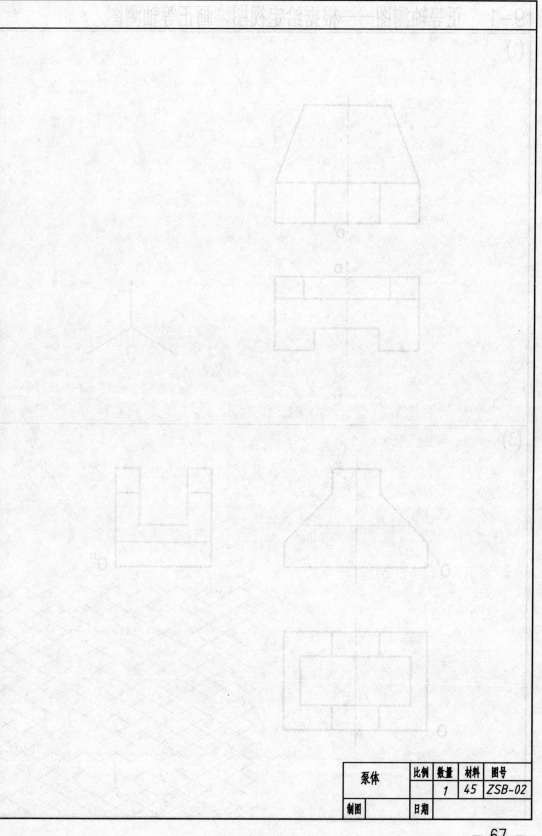

泵体	比例	数量	材料	图号
		1	45	ZSB-02
制图		日期		

9-1 正等轴测图——根据给定视图，画正等轴测图。

(1)

(3)

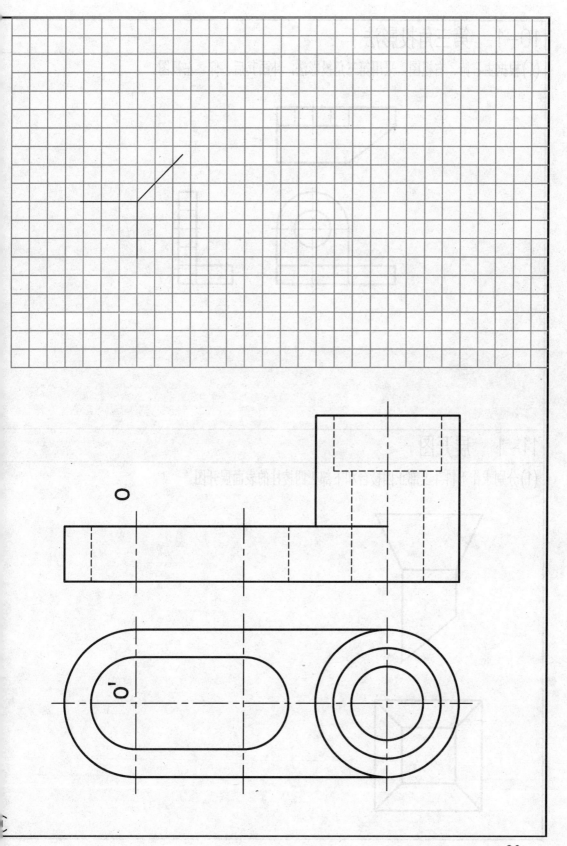

10-1 第三角投影法

(1)根据主、俯、右视图，采用第三角投影法，补画其后、仰、左视图。

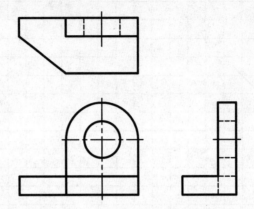

11-1 展开图

(1)分别求作下料斗上部正四棱台和下部正四棱柱的表面展开图。

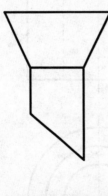

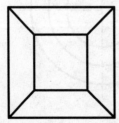

2) 试完成支架焊接图，标注焊接符号。

（已知各焊缝均为手工电弧焊，焊缝高为4，均为角焊缝。）

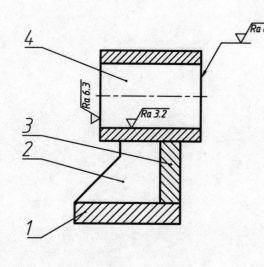

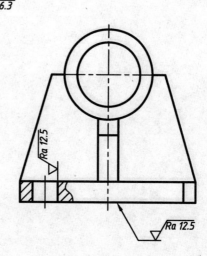

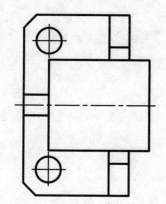

技术要求

1. 本构件加工后应先整形再加工轴孔、底平面及安装孔；

2. 各焊缝均采用手工电弧焊；

3. 切割边缘表面粗糙度Ra为12.5；

4. 所有焊缝不得有透焊蚀等缺陷。

3	ZJHB-03	侧 板	1	
2	ZJHB-02	支撑板	2	
1	ZJHB-01	底 板	1	
序号	代 号	名 称	数量	备 注

						温州职业技术学院		
标记	处数	分区	更改文件号	签名	年月日		支座	
设计	(签名)	(年月日)	标准化	(签名)	(年月日)	阶段标记	重量	比例
审核								ZZHB-00
工艺			批准			共 张 第 张		

12-1 焊接图

(1)读下面焊接结构图，说明以下各焊缝标注的含义。

焊缝标注 ⌐6⊳ 表示件_____和件2之间采用_____焊缝，焊脚高度为_____

焊缝标注 ⌐4△ 表示件_____和件2之间采用_____焊缝，焊脚高度为_____

以上标注中要求在现场施焊的是 _____。

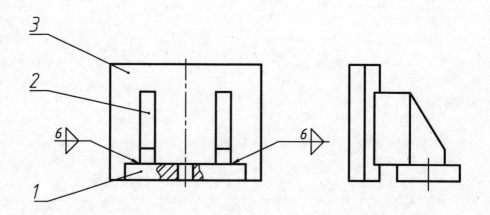

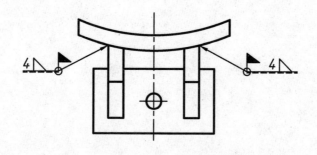

3	ZJHB-03	侧 板	1	
2	ZJHB-02	支撑板	2	
1	ZJHB-01	底 板	1	
序号	代 号	名 称	数量	备:

							温州职业技
标记	处数	分区	更改文件号	签名	年月日		
设计	(签名)	(年月日)	标准化	(签名)	(年月日)	阶段标记	重量	比例	支架
审核									
工艺			批准			关 架 焊 接			ZJHB

2)根据轴测图和主、左视图，采用第三角投影法，补画其仰视图。

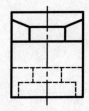 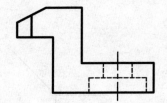

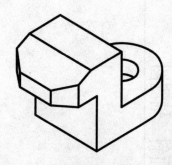

2)求作斜口圆管的表面展开图。

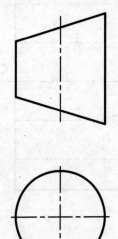

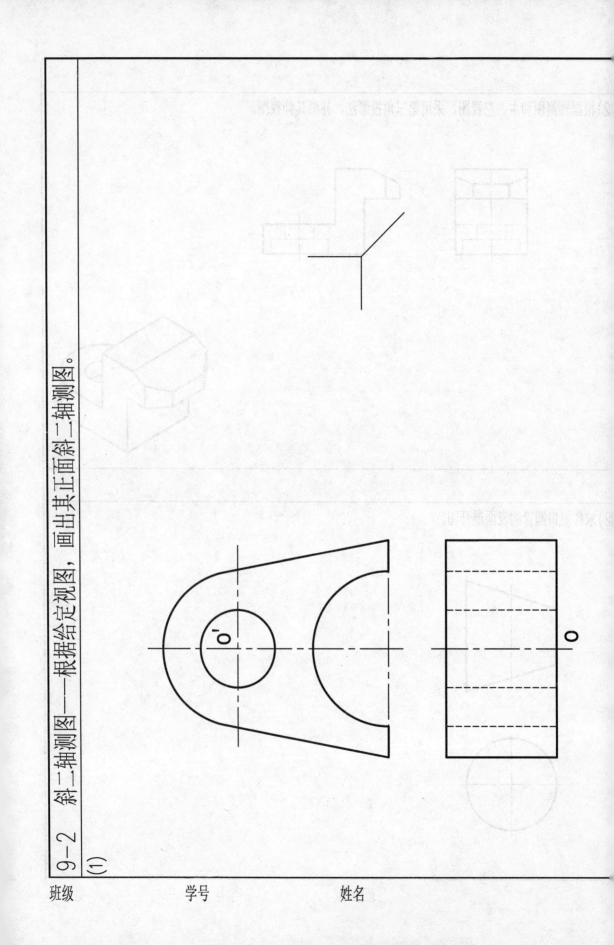

9-2 斜二轴测图——根据给定视图，画出其正面斜二轴测图。

(1)

班级　　　　　　学号　　　　　　姓名

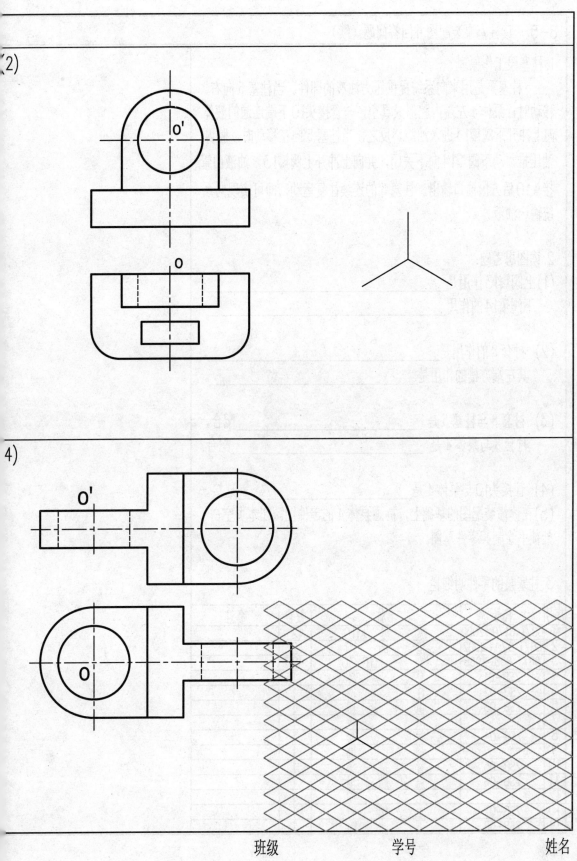

2)

4)

1.柱塞泵工作原理:

　　柱塞泵是用来向系统提供压力油液的部件。当柱塞5向右移动时，泵体4左端内腔形成真空，与管接头10下端连通的液体向上冲开下阀瓣14进入油腔。反之，当柱塞5向左移动时，腔内油压推　动下阀瓣14向下关闭，并向上冲开上阀瓣13，油液由管接头10后方出油口输出。柱塞5的连续往复运动，即可实现向系统输送油液。

2.读图思考题:

(1)上阀瓣13作用是＿＿＿＿＿＿＿＿＿＿＿＿＿＿＿＿＿＿＿；

　　下阀瓣14的作用＿＿＿＿＿＿＿＿＿＿＿＿＿＿＿＿＿＿＿。

(2) 衬套8的作用是＿＿＿＿＿＿＿＿＿＿＿＿＿＿＿＿＿＿＿，

　　其左端方槽的作用是＿＿＿＿＿＿＿＿＿＿＿＿＿＿＿＿＿。

(3) 衬套8与柱塞5是＿＿＿＿＿＿＿＿＿＿＿＿＿＿＿配合，

　　衬套8与泵体4是＿＿＿＿＿＿＿＿＿＿＿＿＿＿＿配合。

(4) 管接头10与泵体4是＿＿＿＿＿＿＿＿＿＿＿＿＿连接。

(5)在读懂装配图的基础上，拆画泵体4的零件图。在本页空白处徒手绘制其零件草图。

3.柱塞泵的零件明细栏

序号	代号	名称	数量	备注
1	GB/T 6170-2000	螺　　母　M10	2	
2	GB/T 97.1-2002	垫　　圈　10	2	
3	GB/T 898-1988	螺　柱　M10x30	2	
4	ZSB-01	泵　　　　体	1	
5	ZSB-02	柱　　　　塞	1	
6	ZSB-03	填　料　压　盖	1	
7		填　　　　料	1	
8	ZSB-04	衬　　　　套	1	
9		垫　　　　圈	1	
10	ZSB-05	管　接　头	1	
11	ZSB-06	盖　　螺　母	1	
12		垫　　　　圈	1	
13	ZSB-07	上　阀　瓣	1	
14	ZSB-08	下　阀　瓣	1	

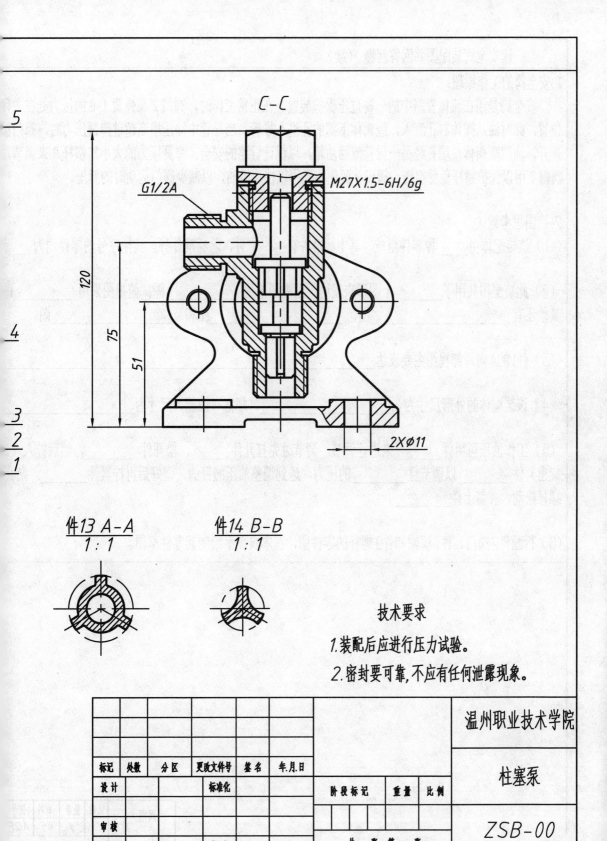

C-C

G1/2A

M27X1.5-6H/6g

120

75

51

2XØ11

件13 A-A
1 : 1

件14 B-B
1 : 1

技术要求

1.装配后应进行压力试验。

2.密封要可靠,不应有任何泄露现象。

温州职业技术学院

柱塞泵

ZSB-00

标记	处数	分区	更改文件号	签名	年.月.日			
设计			标准化					
						阶段标记	重量	比例
审核								
工艺			批准			共 张 第 张		

班级　　　　　　学号　　　　　　姓名

1.安全阀的工作原理:

　　安全阀是用在流体管路中的一种过压保护装置。在正常工作时，阀门2靠弹簧10的压力处在关□位置，此时油从阀体右孔流入，经阀体下部的孔进入导管．当导管中油压增高超过弹簧压力时，阀门祚顶开，油就顺阀体左端孔经另一导管流回油箱，以保证管路的安全。弹簧压力的大小靠螺杆9来调节，阀帽7用以保护螺杆免受损伤。阀门2两侧小孔用以快速溢油，以减少阀门运动时的背压。

2.读图思考题:

　（1）该装配体由_____种零件组成，其中标准件有_____件，除标准件外，其他序号的零件均为___

　（2）此装配图共用了_____个图形来表达，主视图采用_____图；俯视图采用_____图其他还有 _____图、_____图和 _____图。

　（3）件1的A向局部视图主要表达_____

　（4）该装配体的外形尺寸为_____，规格（性能）尺寸为_____

　（5）工作油压可用件_____来进行调节，调节时先打开件_____，松开件_____，然后拧入（□旋出）件_____以调节件_____的压力，达到调整油压的目的，调好后再拧紧件_____，防止螺杆松动，并盖上件_____。

（6）拆画件2阀门、件7阀帽和件9螺杆的零件图，在本页徒手绘制其零件草图。

阀帽		比例	数量	材料	图号
			1	45	AQF
制图			日期		

班级　　　　　　　　学号　　　　　　　　　　　姓名

件1 B

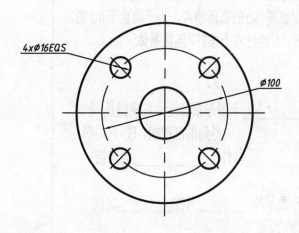

4×⌀16EQS

⌀100

C-C

件1 A

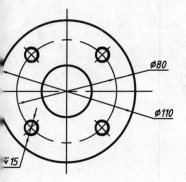

⌀80

⌀110

▽15

技术要求

1.装配后应进行压力试验。
2.密封要可靠,不应有任何渗漏现象。

13	AQF-08	弹簧垫	1	
12	AQF-07	垫片	1	
11	AQF-06	阀盖	1	
10	AQF-05	弹簧	1	
9	AQF-04	螺杆	1	
8	GB/T 6170-2000	螺母 M16	1	
7	AQF-03	阀帽	1	
6	GB/T 75-1985	螺钉 M6X16	4	
5	GB/T 97.1-2002	垫圈 12	4	
4	GB/T 6170-2000	螺母 M12	4	
3	GB/T 899-1988	螺柱 M12X35	4	
2	AQF-02	门	1	
1	AQF-01	阀体	1	
序号	代 号	名 称	数量	备 注

					温州职业技术学院		
标记	处数	分区	更改文件号	签名	年月日	安全阀	
设 计			标准化				
					阶段标记	重量	比例
审 核							AQF-00
工 艺			批准		共 张 第 张		

1.夹紧卡爪的工作原理：

　　夹紧卡爪是组合夹具，在机床上用来夹紧工件。卡爪1底部与基体凹槽相配合（配合性质为34H7/g6）。螺杆2的外螺纹与卡爪1的内螺纹旋合，而螺杆2的缩颈被垫铁3卡住，使它只能在垫铁3中转动。垫铁3用两个螺钉4固定在基体5的弧形槽内，为了防止卡爪1脱出基体5，用前后两块盖板6、8通过六个螺钉7连接基体5.

2.读图思考题：

（1）该装配体采用＿＿＿＿＿＿个图形来表达，左视图是＿＿＿＿＿＿＿＿＿＿＿＿＿ 得到的剖视图，B-B局部剖视图表达了件＿＿＿＿＿与件＿＿＿＿＿的连接。

（2）左视图中的34H7/g6表示件 ＿＿＿＿＿与件＿＿＿＿＿之间是＿＿＿＿＿制配合。

（3）卡爪1是依靠件＿＿＿＿用 ＿＿＿＿＿＿＿＿＿带动的。

（4）主视图中的细双点画线画法是＿＿＿＿＿＿＿＿＿画法。

（5）垫铁3的作用＿＿＿＿＿＿＿＿＿＿＿＿＿＿＿＿＿＿。

（6）拆画件1卡爪的零件图，在本页空白处徒手绘制其零件草图。

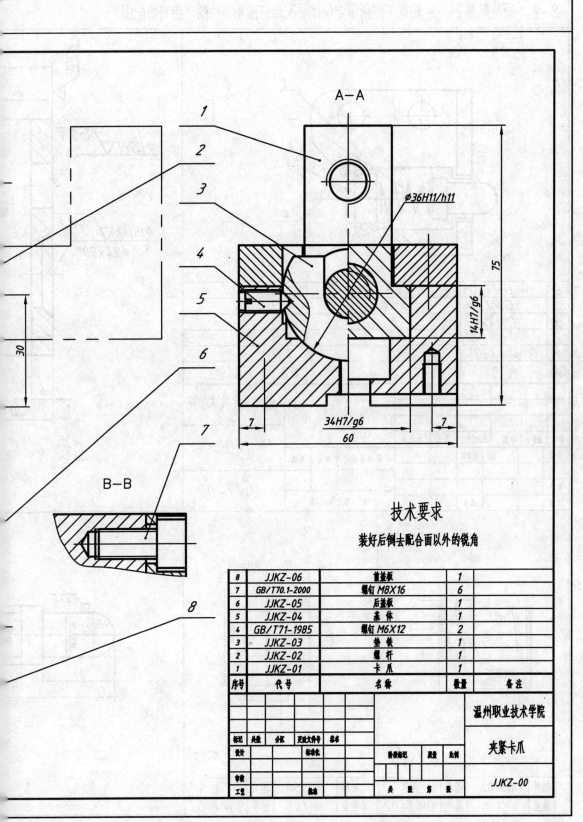

A—A

1

2

3

4

5

6

7

$\phi36H11/h11$

$14H7/g6$

75

7 $34H7/g6$ 7

60

30

B—B

8

技术要求

装好后倒去配合面以外的锐角

8	JJKZ-06	前盖板	1	
7	GB/T70.1-2000	螺钉 M8X16	6	
6	JJKZ-05	后盖板	1	
5	JJKZ-04	盖体	1	
4	GB/T71-1985	螺钉 M6X12	2	
3	JJKZ-03	垫铁	1	
2	JJKZ-02	螺杆	1	
1	JJKZ-01	卡爪	1	
序号	代号	名称	数量	备注

温州职业技术学院

夹紧卡爪

JJKZ-00

标记	处数	分区	更改文件号	签名			阶段标记	质量	比例	
设计			标准化							
审核						共 张	第 张			
工艺			批准							

班级   学号   姓名

装配示意图

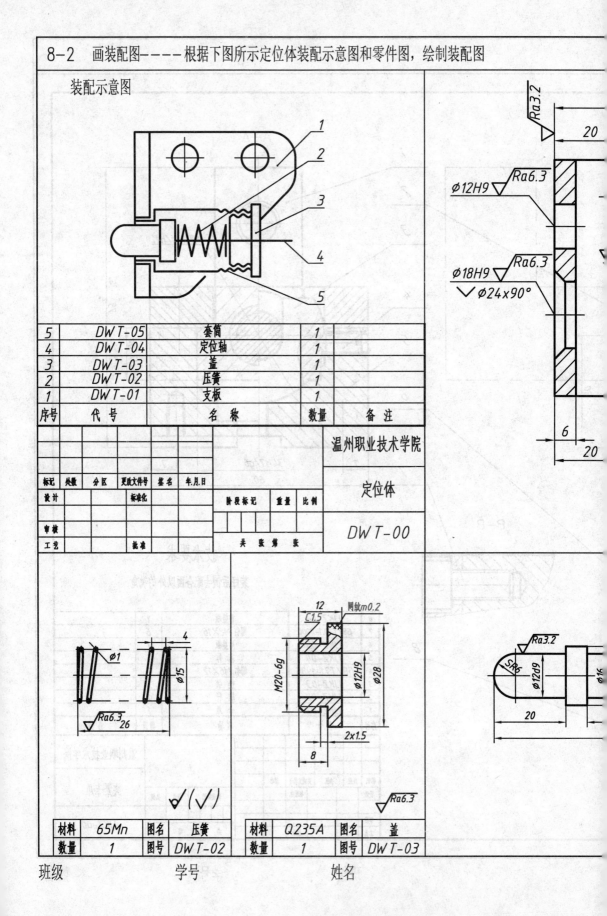

5	DWT-05	套筒	1	
4	DWT-04	定位轴	1	
3	DWT-03	盖	1	
2	DWT-02	压簧	1	
1	DWT-01	支板	1	
序号	代 号	名 称	数量	备 注

温州职业技术学院

							阶段标记	重量	比例	
标记	处数	分区	更改文件号	签名	年.月.日					定位体
设计			标准化							
审核							共 张 第 张			DWT-00
工艺			批准							

材料	65Mn	图名	压簧
数量	1	图号	DWT-02

材料	Q235A	图名	盖
数量	1	图号	DWT-03

班级   学号   姓名

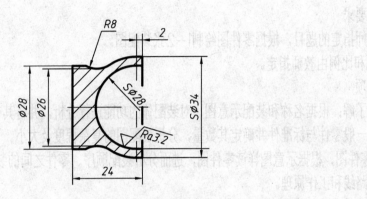

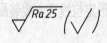

材料	15	图名	顶碗
数量	1	图号	ZD-01

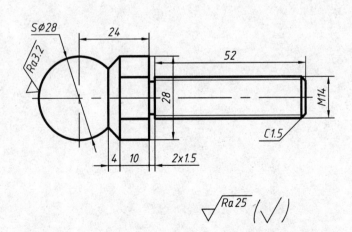

材料	45	图名	顶杆
数量	1	图号	ZD-02

班级   学号   姓名

作业指导

1.作业目的

（1）熟悉和掌握装配图的内容和图样画法。

（2）了解绘制装配图的方法。

2.内容与要求

（1）按教师指定的题目，根据零件图绘制1—2张装配图。

（2）图幅和比例由教师指定。

3.注意事项

（1）初步了解：根据名称和装配示意图，对装配体的功能进行分析，并将其与相应的零件序号对照，区分一般零件与标准件并确定其数量，分析装配图的复杂程度及大小。

（2）详读零件图，根据示意图详读零件图，进而分析装配顺序、零件之间的装配关系及连接方法，搞清传动路线和工作原理。

（3）确定表达方案：选择主视图和其他各个视图。

（4）合理布图：先画出各视图的图形定位线（主要装配干线、对称线等）。

（5）注意相邻零件剖面线的画法。

（6）标注尺寸，填写技术要求，编写零件序号，画出明细栏并填写。

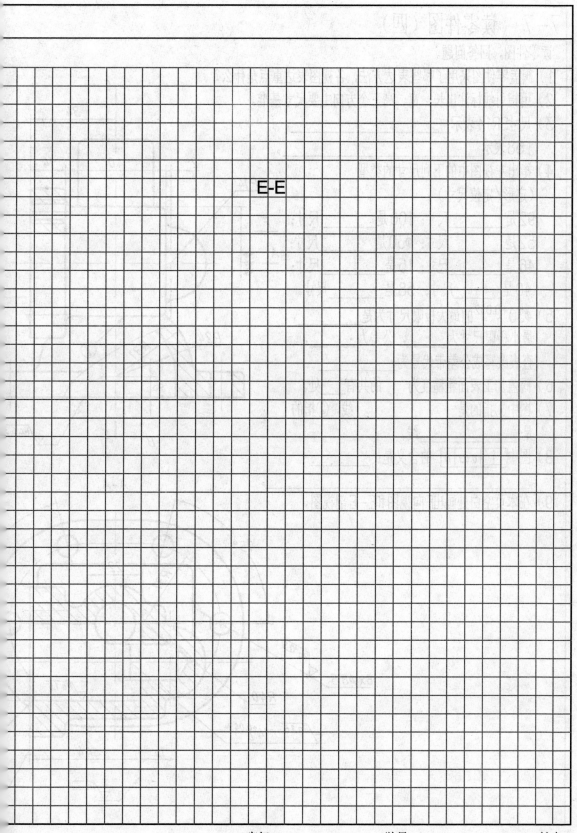

E-E

班级　　　　　　　学号　　　　　　　姓名

读零件图，回答问题。

1）阀盖零件图采用了哪些表达方法，各视图表达重点是什么？

2）用指引线标注出长、宽、高三个方向主要尺寸基准。

3）尺寸SR14表示＿＿＿＿＿＿＿＿＿＿＿，

　□58表示＿＿＿＿＿＿＿＿＿＿＿＿。

4）指出左视图中的下列尺寸的类型

　（定形/定位尺寸）：

　92是＿＿＿＿尺寸；100是＿＿＿＿尺寸；

　52是＿＿＿＿尺寸；φ30是＿＿＿＿尺寸；

　46是＿＿＿＿尺寸；15是＿＿＿＿尺寸；

　40是＿＿＿＿尺寸；58是＿＿＿＿尺寸。

5）$\phi 30^{+0.052}_{0}$的最大极限尺寸为是＿＿＿＿＿，

　最小极限尺寸为＿＿＿＿＿，公差为＿＿＿＿＿，

　查表改写成公差带代号为＿＿＿＿＿＿。

6）阀盖加工表面粗糙度为　　的共有＿＿处。

7）图中①指的是＿＿＿＿＿＿＿＿线，②指的

　是＿＿＿＿＿＿＿＿线。

8）图中 ⊥ | 0.03 | D 的含义是：＿＿＿＿＿．

　＿＿＿＿＿＿＿＿＿＿＿＿＿＿＿＿。

9）在本页空白处画出F向视图和E-E剖视图。

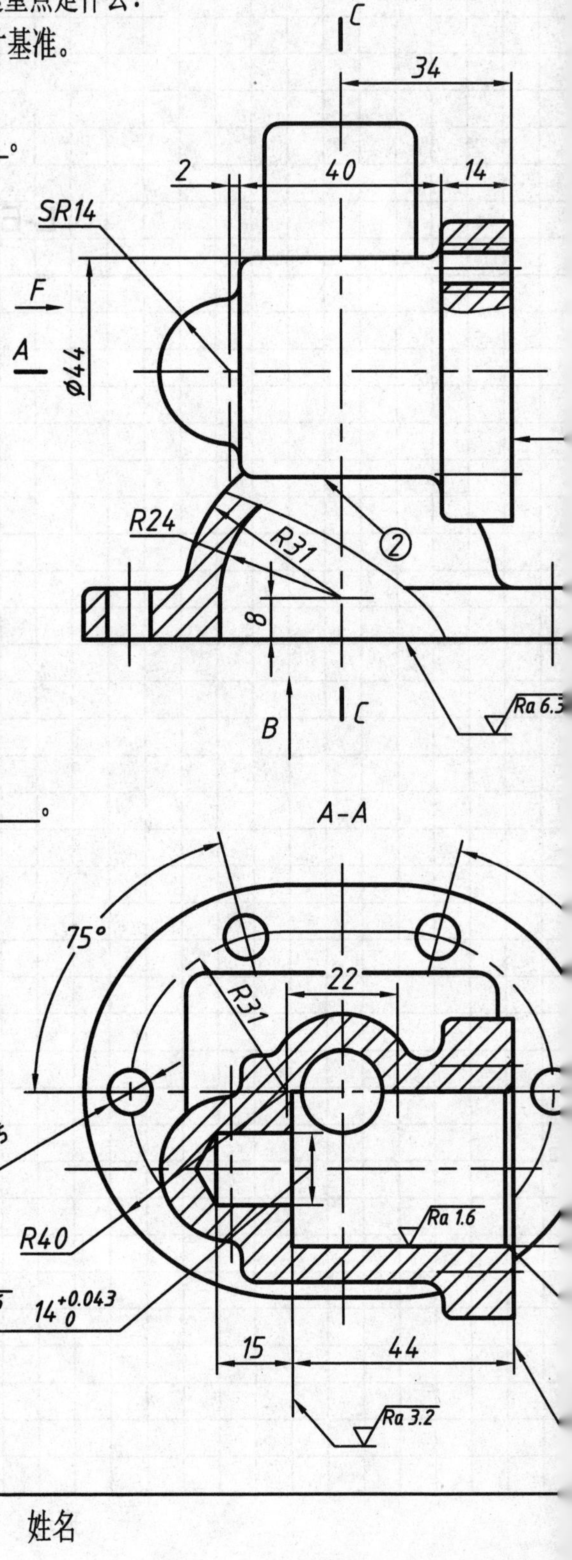

A-A

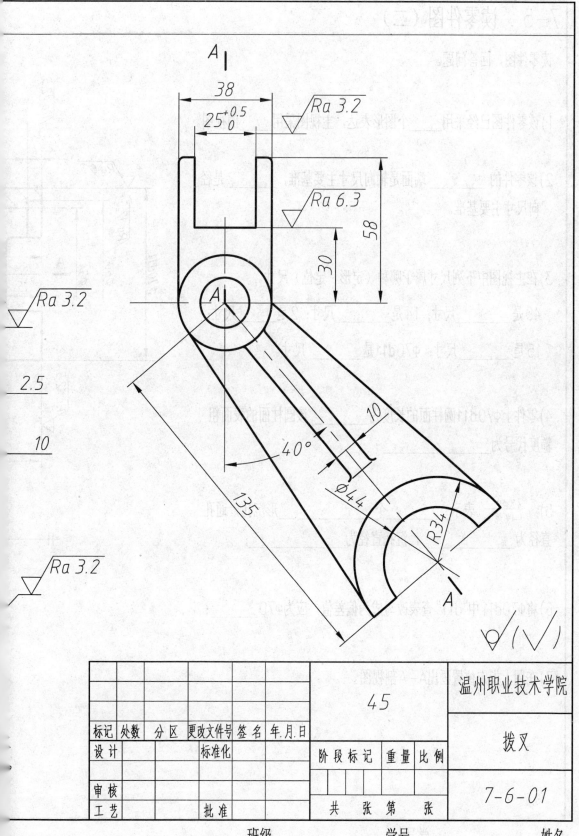

A

38

$25^{+0.5}_{0}$

Ra 3.2

Ra 6.3

58

30

A

Ra 3.2

2.5

10

10

40°

Ø44

R34

135

A

Ra 3.2

$\sqrt{}(\sqrt{})$

						45		温州职业技术学院
标记	处数	分区	更改文件号	签名	年.月.日			拨叉
设计			标准化			阶段标记	重量 比例	
审核								7-6-01
工艺			批准			共 张 第 张		

班级   学号   姓名

读零件图，回答问题。

1) 该零件图已经采用____个图形表达，主视图采用____剖视图。

2) 该零件的_____端面是轴向尺寸主要基准，_____是径向尺寸主要基准。

3) 在主视图中下列尺寸属于哪种（定形、定位）尺寸。

   49是_____尺寸；14是_____尺寸；2是_____尺寸；

   15是_____尺寸；φ70**d11**是_____尺寸。

4) 零件上φ70**d11**圆柱面的长度为_____，该圆柱面的表面粗糙度代号为_____；

5) $\frac{4 \times \phi 9}{\sqcup \phi 18}$ 表示_____个_____形沉孔，通孔直径为_____，沉孔直径为_____；

6) 将φ70d11中"d11"查表改写成为偏差值，应为φ70_____；

7) 在图上指定位置画出A-A剖视图。

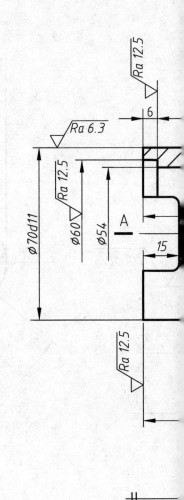

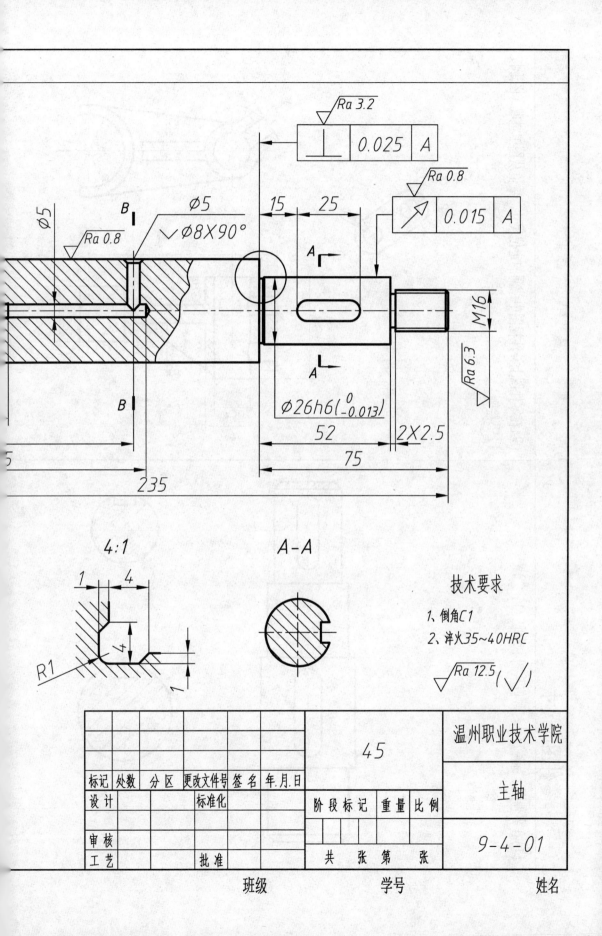

Ra 3.2

⊥ | 0.025 | A

Ra 0.8

↗ | 0.015 | A

Ø5

B

Ø5

Ra 0.8

∨Ø8×90°

15   25

M16

Ra 6.3

A

A

B

Ø26h6($_{-0.013}^{0}$)

52

2×2.5

235

75

4:1

A—A

1   4

4

R1

1

技术要求

1、倒角C1

2、淬火35～40HRC

√Ra 12.5 (√)

标记	处数	分区	更改文件号	签名	年.月.日					45	温州职业技术学院
设计			标准化								主轴
						阶段标记	重量	比例			
审核											9-4-01
工艺			批准			共 张 第 张					

班级   学号   姓名

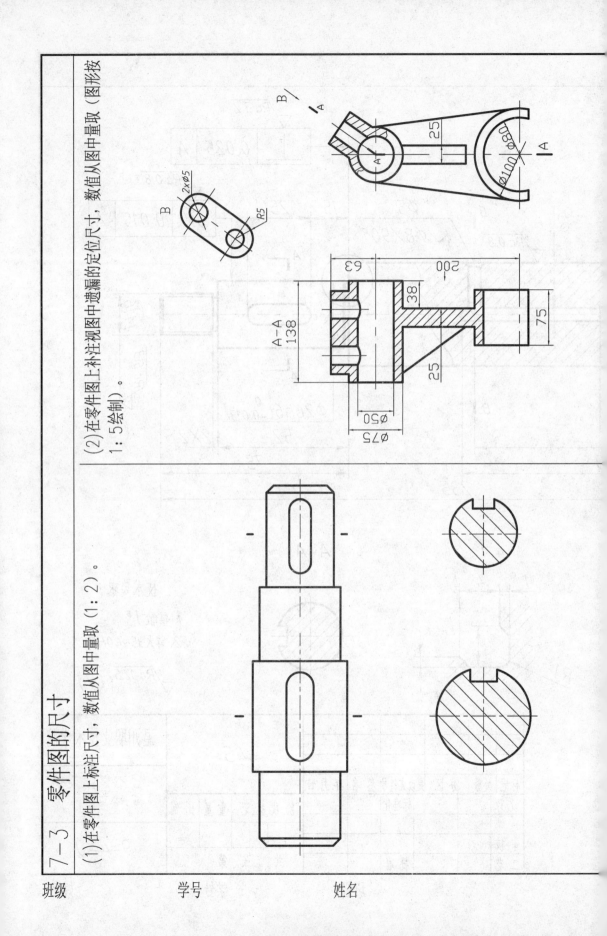

7-3 零件图的尺寸

(1) 在零件图上标注尺寸，数值从图中量取 (1：2)。

(2) 在零件图上补注视图中遗漏的定位尺寸，数值从图中量取（图形按 1：5 绘制）。

班级　　　学号　　　姓名

(3) 将文字说明的形位公差标注在图上：

1) Φ30H7轴线对左端面的垂直度公差为Φ0.04
2) Φ50g6的圆柱度公差为0.05
3) 端面对左端面的平行度公差为0.03

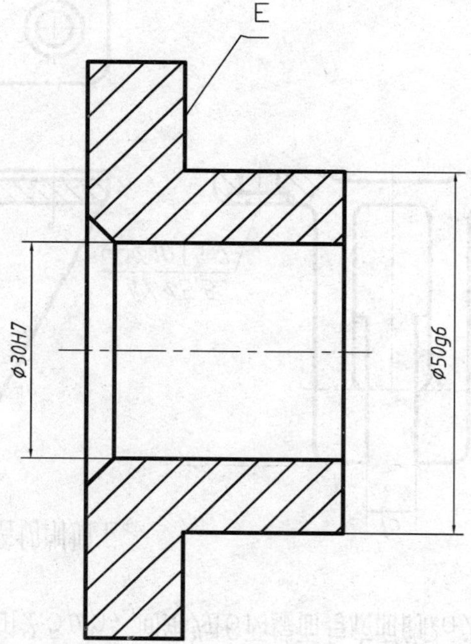

φ50g6
φ30H7
E

(2) 完成下面各小题

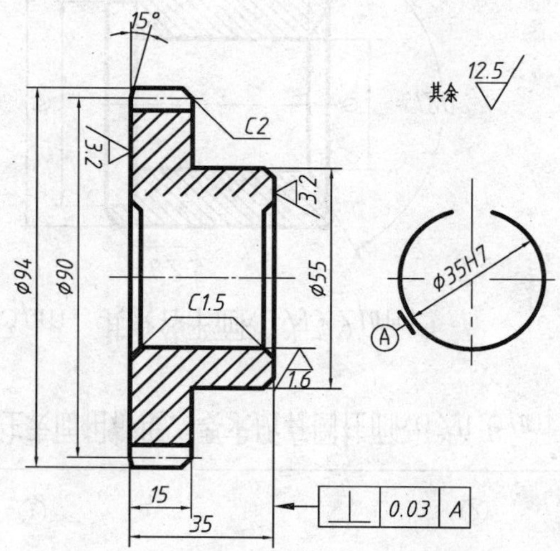

φ35H7　其余 12.5
C2　55φ　C1.5　35　15　90φ　94φ　3.2　45°
⊥ 0.03 A

1) 查表确定内孔键槽的尺寸及其精度，完成主视图和局部视图，并将键槽的尺寸和偏差标注在视图上。（键和键槽配合松紧程度一般）

2) 查表确定齿轮花内孔φ35H7的上、下偏差，并回答：内孔的最大极限尺寸是___mm，最小极限尺寸是___mm

3) 解释 ⊥ 0.03 A 的含义：（1）___
（2）___
（3）___

4) 检查视图中错误的粗糙度标注，并在视图中改正之。

班级　　　　学号　　　　姓名

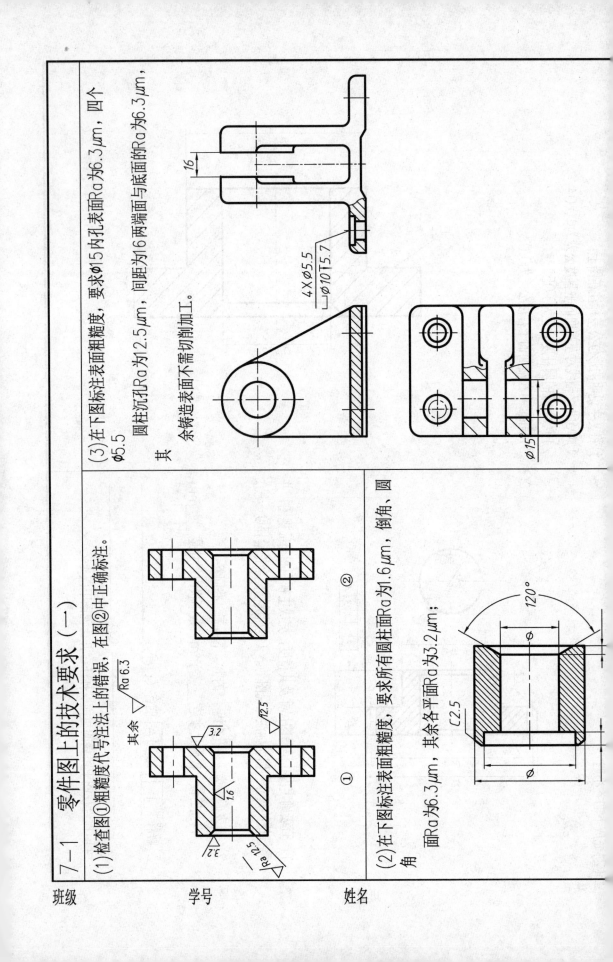

7-1 零件图上的技术要求（一）

（1）检查图①粗糙度代号注法上的错误，在图②中正确标注。

其余 √Ra 6.3

①

②

（2）在下图标注表面粗糙度，要求所有圆柱面Ra为1.6μm，倒角、圆角面Ra为6.3μm，其余各平面Ra为3.2μm；

（3）在下图标注表面粗糙度，要求φ15内孔表面Ra为6.3μm，四个φ5.5圆柱沉孔Ra为2.5μm，间距为16两端面与底面的Ra为6.3μm，其余铸造表面不需切削加工。

4×φ5.5
⌴φ10↓5.7

班级　　　学号　　　姓名

6-9 弹簧

已知圆柱螺旋压缩弹簧的簧丝直径d=6mm，弹簧外径D=50mm，节距为t=12mm，有效圈数n=6，支承圈数n₂=2.5，右旋，用1:1的比例绘制该弹簧的全剖视图，并标注尺寸。

---·———·———·———·———·———

(2)根据滚动轴承的标记代号为: 滚动轴承30305 GB/T 297–1994查表确定相关尺寸，用规定画法，按1:1比例在轴端画出滚动轴承的图形。

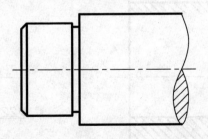

该轴承是＿＿＿＿＿＿＿＿＿＿＿＿＿＿＿＿＿＿轴承，尺寸系列代号为＿＿＿＿＿＿＿＿＿，其

内径为＿＿＿＿＿＿mm，mm外径为＿＿＿＿＿＿mm，最大宽度为＿＿＿＿＿mm。

班级　　　　　　学号　　　　　　姓名

6-7　键

完成下列图中平键联结处的图线。

1.轴和齿轮用型普通平键联结，轴孔直径为22，键宽为6，键长为20，查表确定键及键槽的尺寸，按比例完成图（1）、（2）中键槽的图形，并标注键槽尺寸。

2.写出所用普通平键的规定标记：＿＿＿＿＿＿＿＿＿

3.用键将轴和齿轮联结起来，完成图（3）连接图。

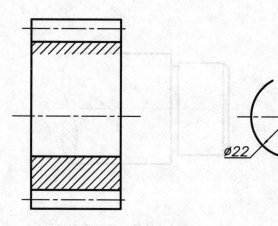

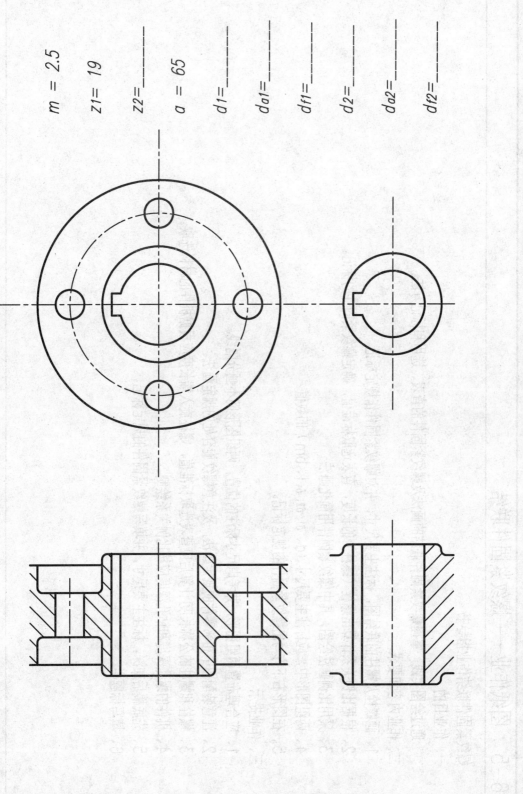

$m = 2.5$

$z_1 = 19$

$z_2 =$ _____

$a = 65$

$d_1 =$ _____

$d_{a1} =$ _____

$d_{f1} =$ _____

$d_2 =$ _____

$d_{a2} =$ _____

$d_{f2} =$ _____

齿轮的啮合图。

班级 　　　　　　学号 　　　　　　姓名

6-5 图纸作业——螺纹紧固件联结

螺纹紧固件联结作业指导书

一、作业目的

通过绘图实践，掌握螺纹紧固件联结的画法及螺纹紧固件的查表、选用和标记方法。

二、作业内容和要求

1. 画螺栓及螺柱的联结图，标注主要尺寸，并对螺纹紧固件作规定标记。
2. 根据比例系计算出螺栓（螺柱）的长度，查表选取标准值，确定螺纹紧固件的标记。
3. 采用比例画法绘图，其中螺纹紧固件用简化画法。
4. 两组图形中，应标注主要尺寸（d、δ_1、δ_2、δ、l、bm）的数值。
5. 在图形右下方写出螺纹紧固件的规定标记。

三、作业提示

1. 应合理布置两组图形，并考虑尺寸标注的位置，两组图形间不画分隔线。
2. 注意装配图中相邻零件的规定画法，及注意螺纹旋合处的规定画法。
3. 螺栓和螺柱的公称长度的计算后应查表选取标准值，螺柱旋入端长度应根据机件的材料选取。
4. 机件的螺孔深度和钻孔深度应按比例关系绘制。
5. 先底稿后加深，标注主要尺寸，并填写螺纹紧固件的规定标记。
6. 填写标题栏。

---

(1) 螺栓联结

螺栓规格为d=24mm，两被联结件的厚度均为=40mm，配套选用…

(2) 螺柱联结

螺柱规格为d=24mm，上部被联结件的厚度为=40mm，配套用B型

班级

学号

姓名

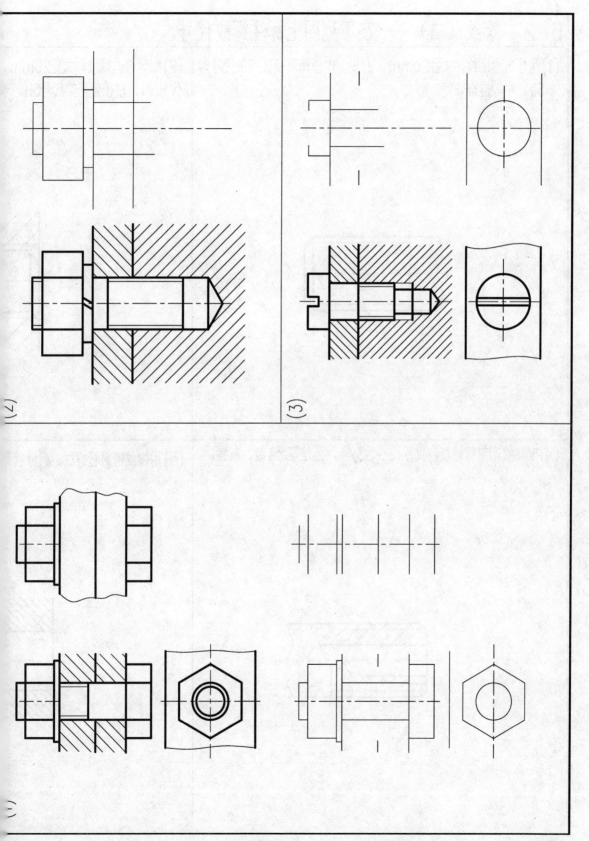

(2)

(3)

(1)

6-2 螺纹（二）——在下列图上标注螺纹代号。

(1)粗牙普通螺纹，大径20mm，右旋，中径和顶径公差带代号为 5g，中等旋合长度。	(2)细牙普通螺纹，大径20mm， 代号5H，顶径公差带代号6H，长

(4)非螺纹密封管螺纹，尺寸代号为3/4，公差等级A级，左旋。	(5)用螺纹密封管螺纹，尺寸代号

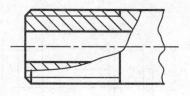

形。

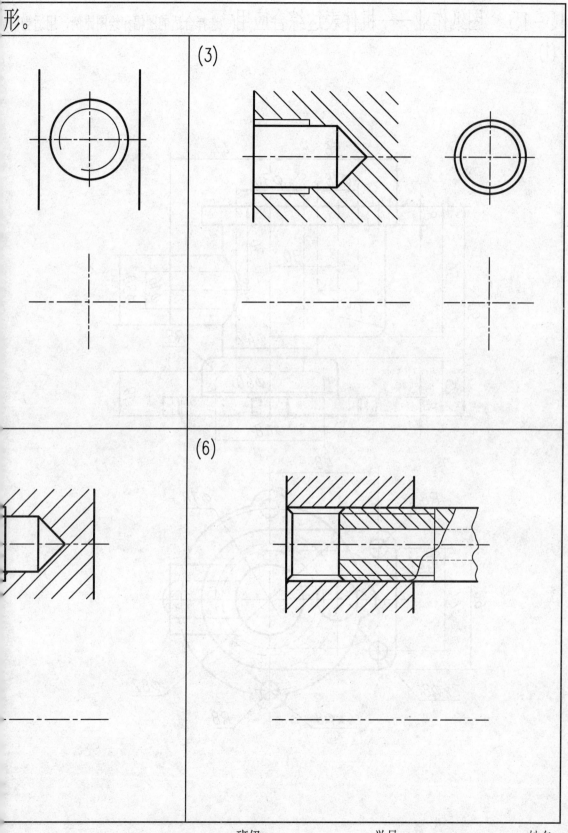

(3)

(6)

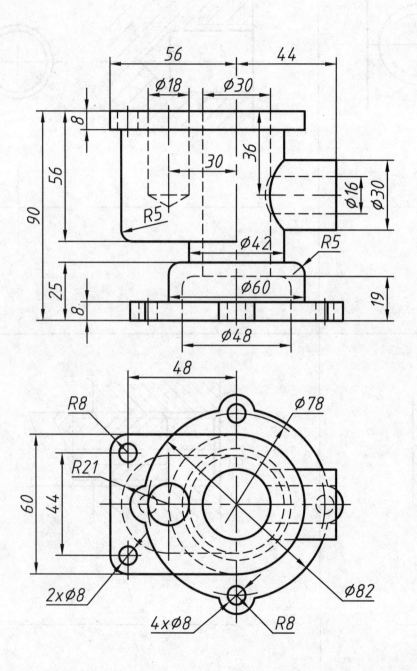

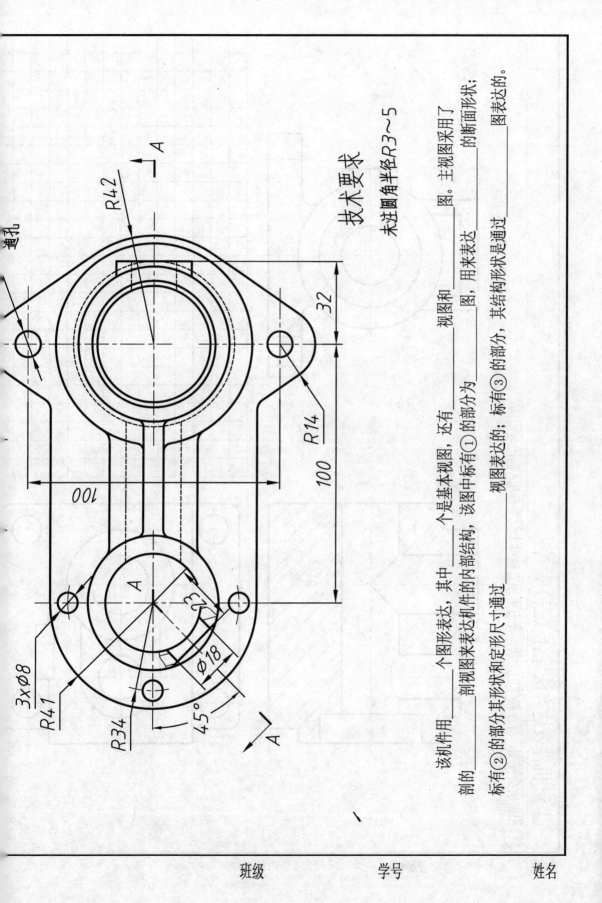

技术要求

未注圆角半径R3~5

该机件用_____个图形表达，其中_____个是基本视图，还有_____视图和_____图。主视图采用了_____剖视图来表达机件的内部结构，该图中标有①的部分为_____图，用来表达_____的断面形状；

剖的_____剖的部分其其形形状和定形尺寸通过_____视图表达的；标有③的部分，其结构形状形状是通过_____图表达的。

标有②的部分其其形形状和定形尺寸通过_____视图表达的；标有③的部分，其结构形状形状是通过_____图表达的。

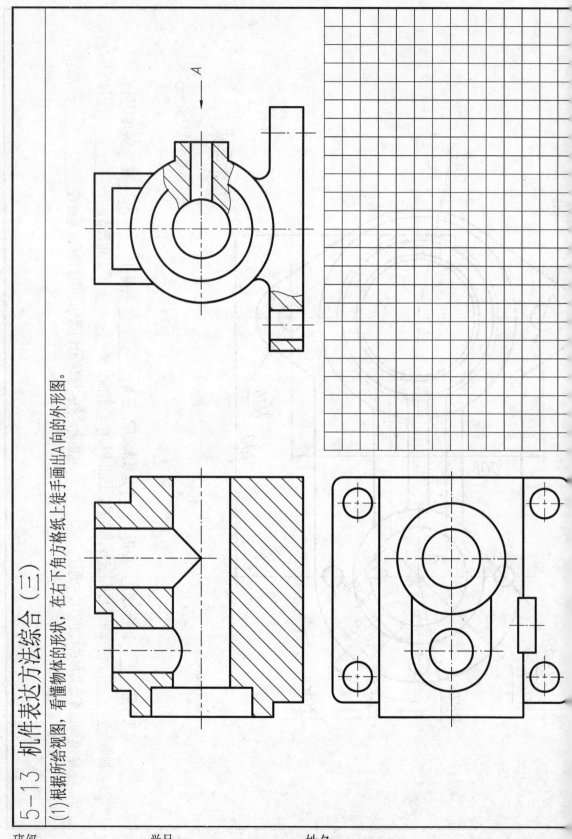

5-13 机件表达方法综合（三）

(1) 根据所给视图，看懂物体的形状，在右下角方格纸上徒手画出A向的外形图。

2) 补画主视图，并采用适当表达方法完整表达机件。

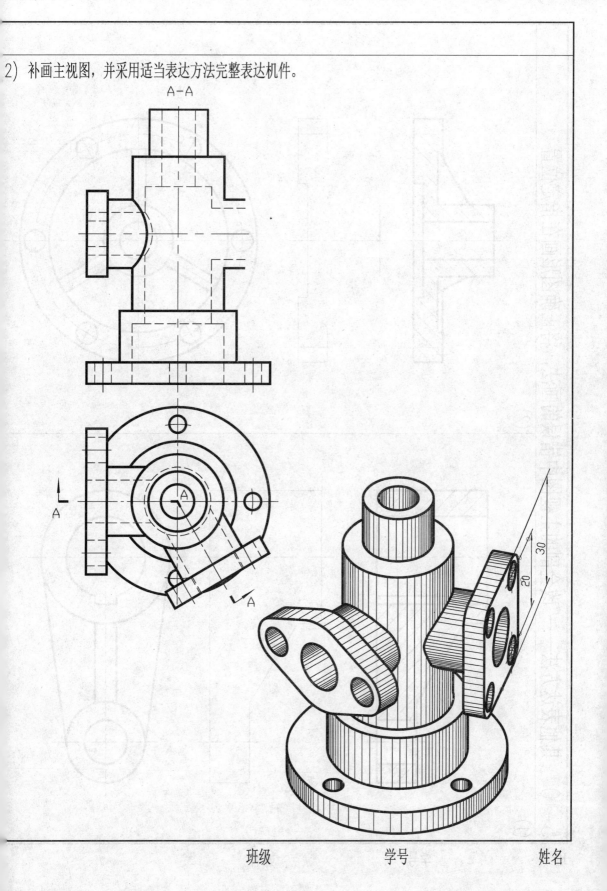

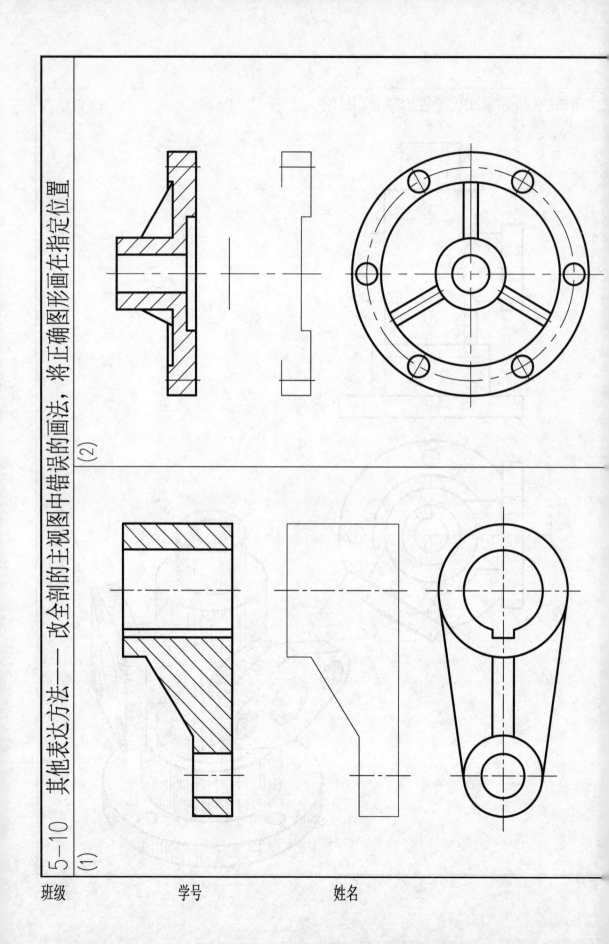

其他表达方法——改全剖的主视图中错误的画法，将正确图形画在指定位置

(2)

5-10

(1)

班级　　　　　学号　　　　　姓名

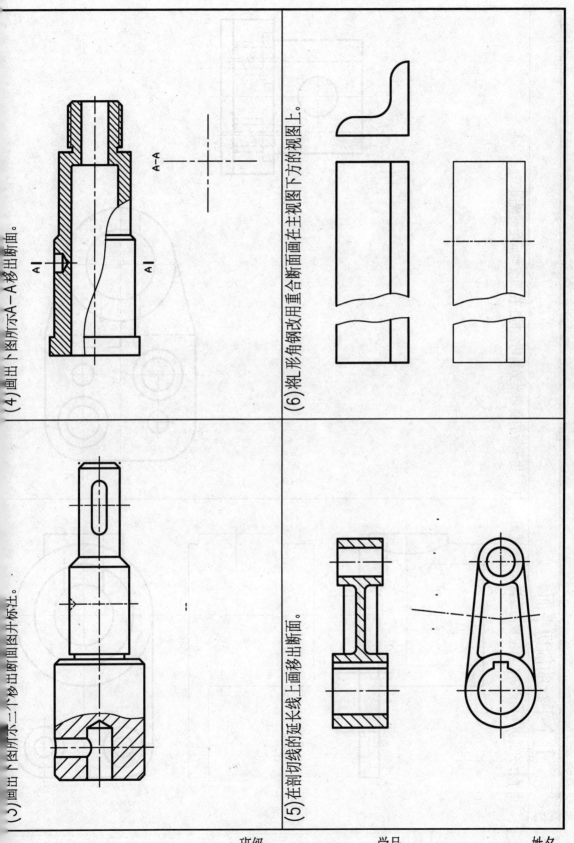

(4)画出下图所示A—A移出断面。

A—A

(6)将L形角钢改用重合断面画在主视图下方的视图上。

(3)画出下图所示二个移出断面图并标注。

(5)在剖切线的延长线上画移出断面。

班级

学号

姓名

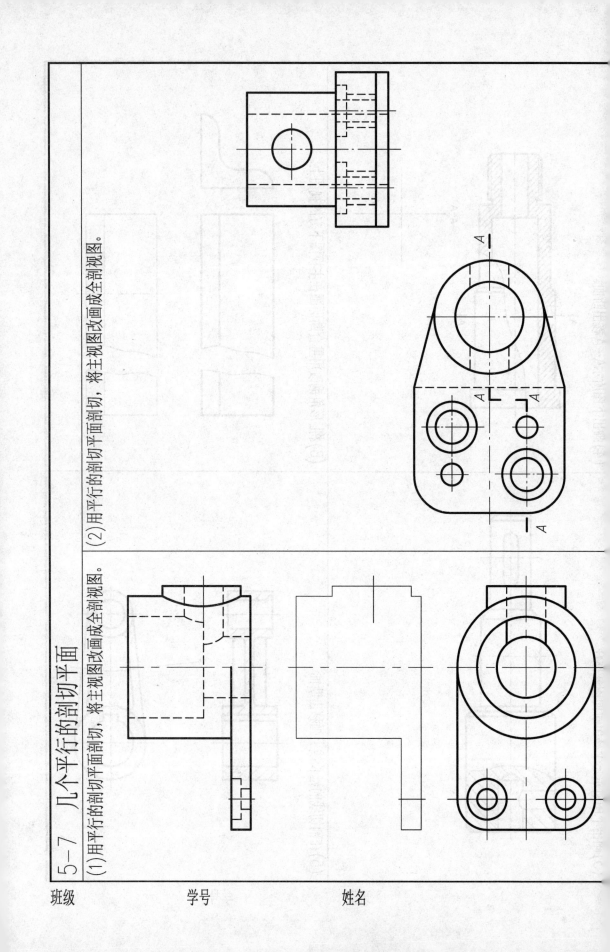

5-7 几个平行的剖切平面

(1)用平行的剖切平面剖切，将主视图改画成全剖视图。

(2)用平行的剖切平面剖切，将主视图改画成全剖视图。

班级　　　　　学号　　　　　姓名

2) 指出局部剖视图中的错误，将正确的画在下边。

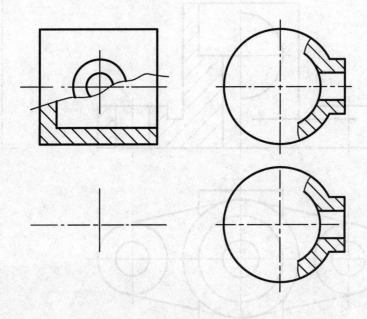

4) 将主视图和俯视图改为适当的局部剖视（画在右边）

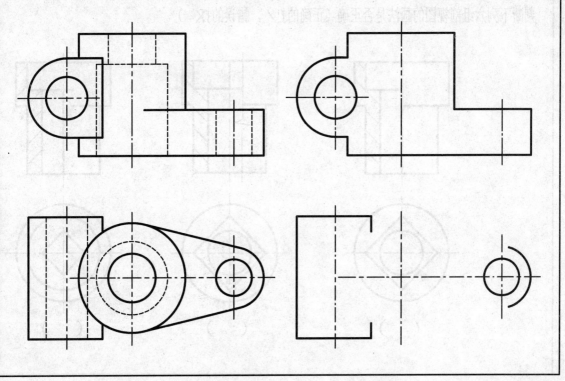

5-4 半剖视图——求作半剖的左视图

(1)

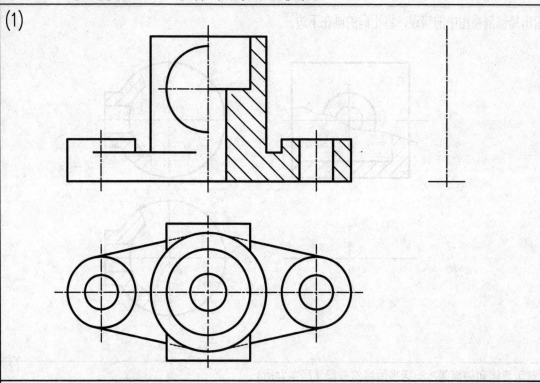

5-5 局部剖视图(一)

判断下列六组剖视图的画法是否正确（正确的打✓，错误的打X ）。

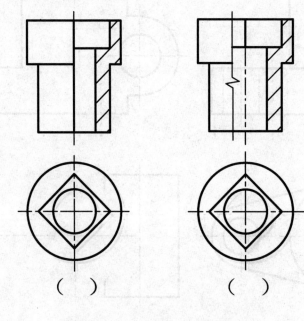
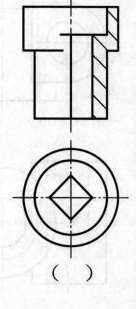

( ) ( ) ( )

2)补画全剖的左视图。

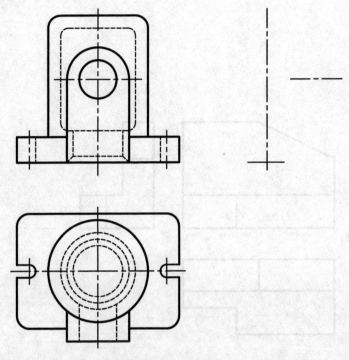

4)补画全剖的主视图的漏线、并绘制半剖的左视图。

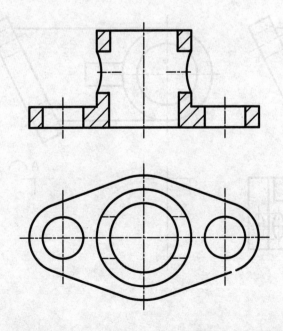

班级   学号   姓名

6-1　视图

(1)根据主、俯、左视图，画出右、仰、后视图。

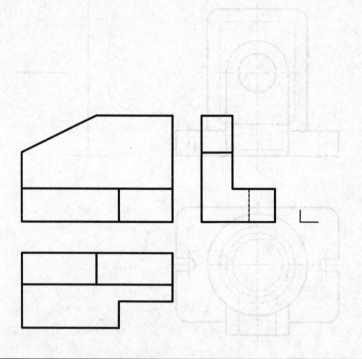

(2) 将俯视图改画成局部视图，并补画A向斜视图。

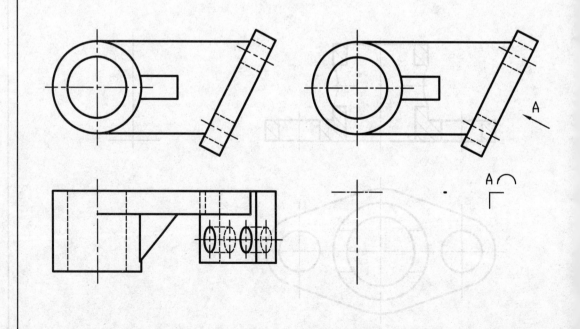

比例，画组合体三视图，并标注尺寸）

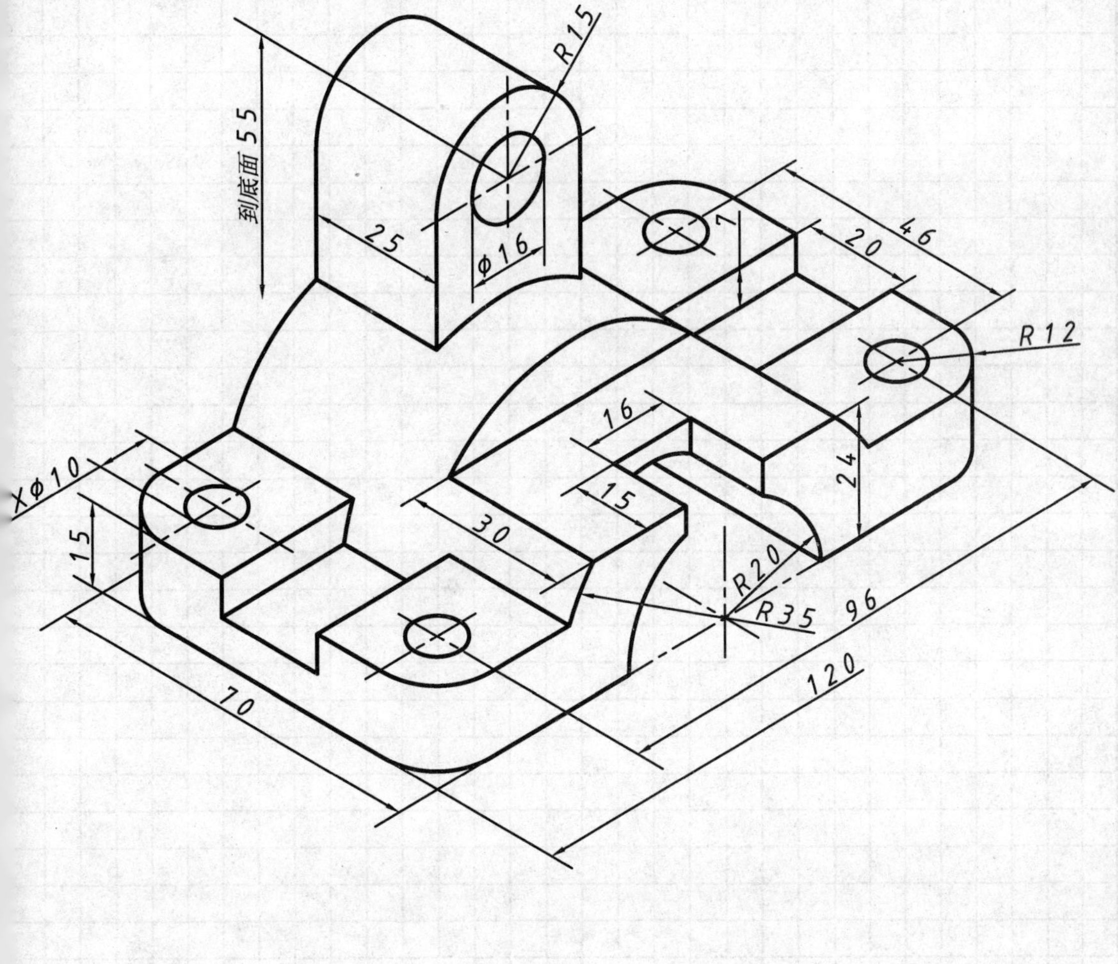

R15

到底面55

25

Φ16

7

20

46

R12

16

15

30

24

XΦ10

15

R20

R35

96

70

120

班级　　　　学号　　　　姓名

4-14 根据立体图，徒手绘制三视图

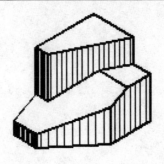 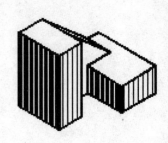

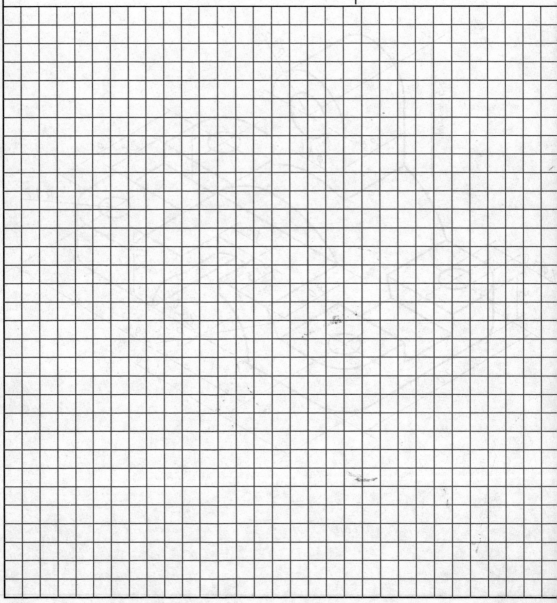

班级　　　　　　学号　　　　　　　　姓名

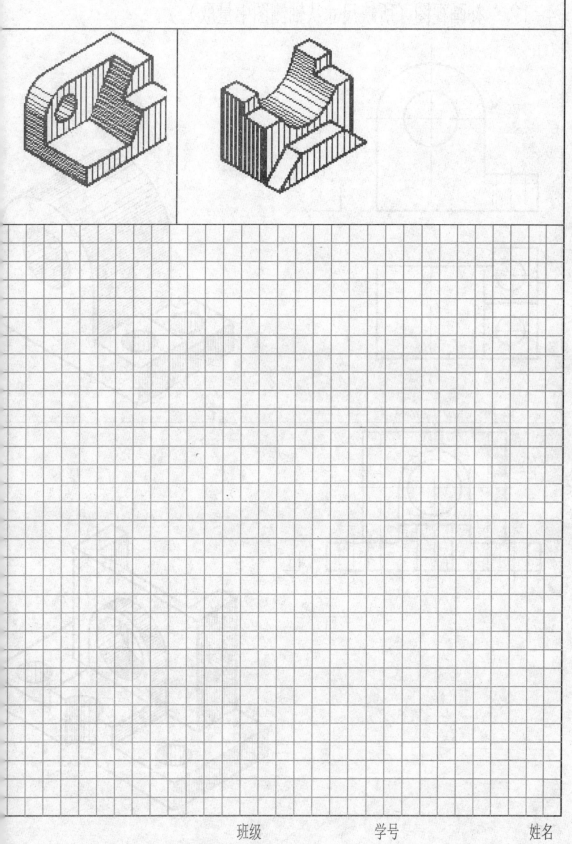

(1)

(3)

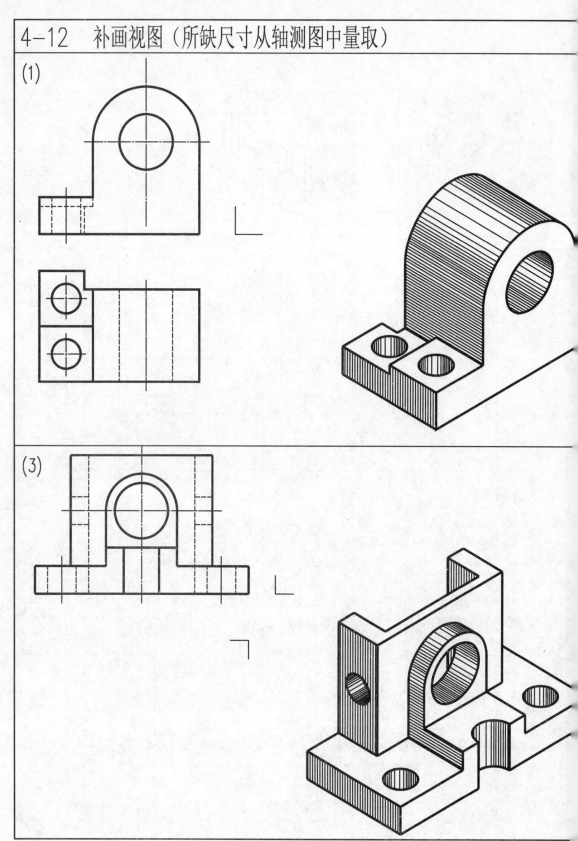

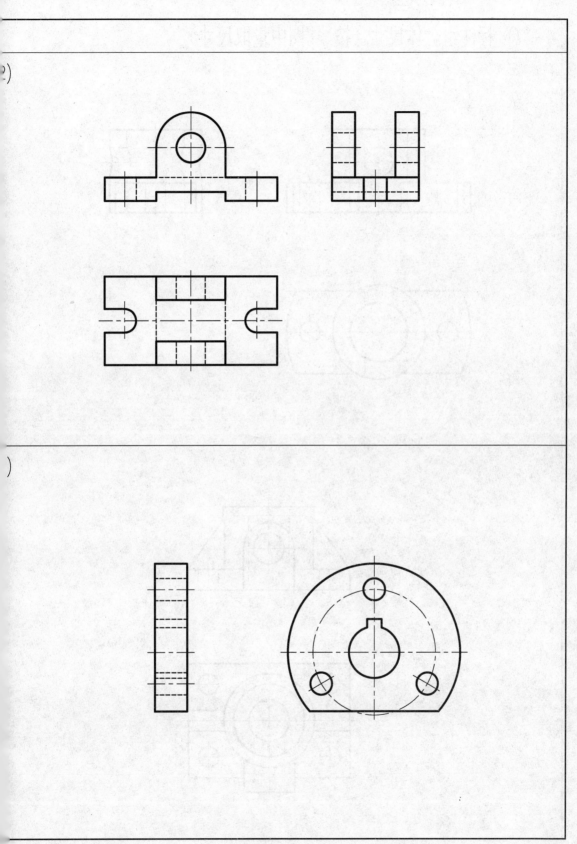

4-10 标注组合体尺寸（按1:1图中量取尺寸）

(1)

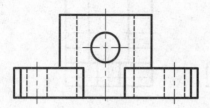 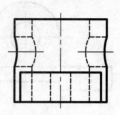

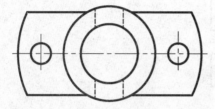

(3)

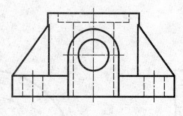

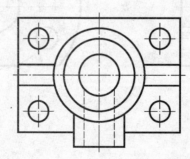

2)

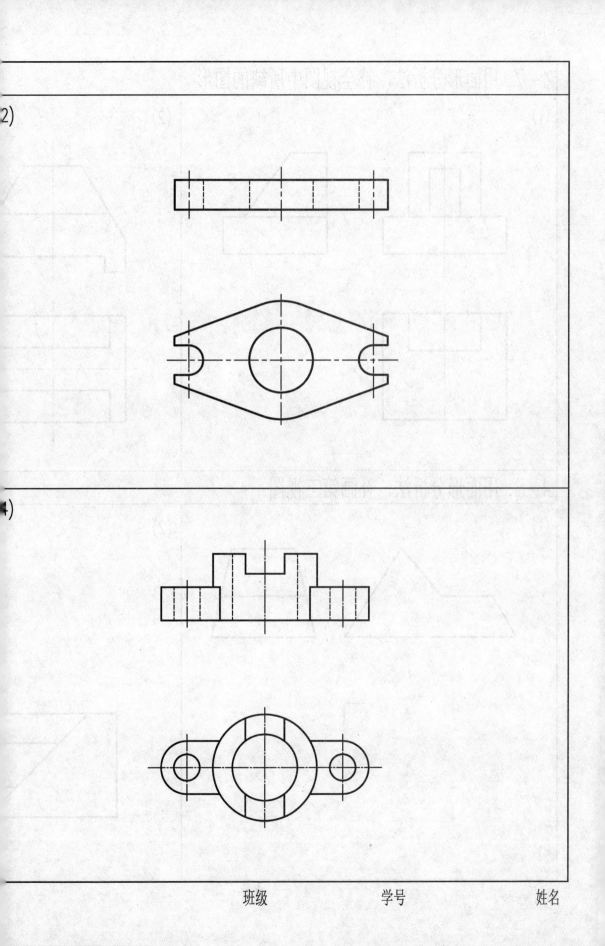

4)

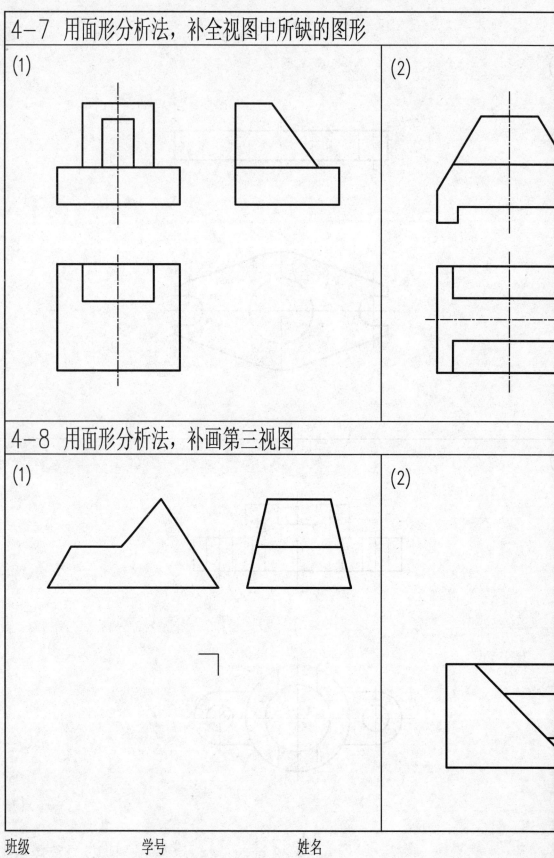

4-7 用面形分析法，补全视图中所缺的图形

(1)

(2)

4-8 用面形分析法，补画第三视图

(1)

(2)

班级 　　　　学号 　　　　姓名

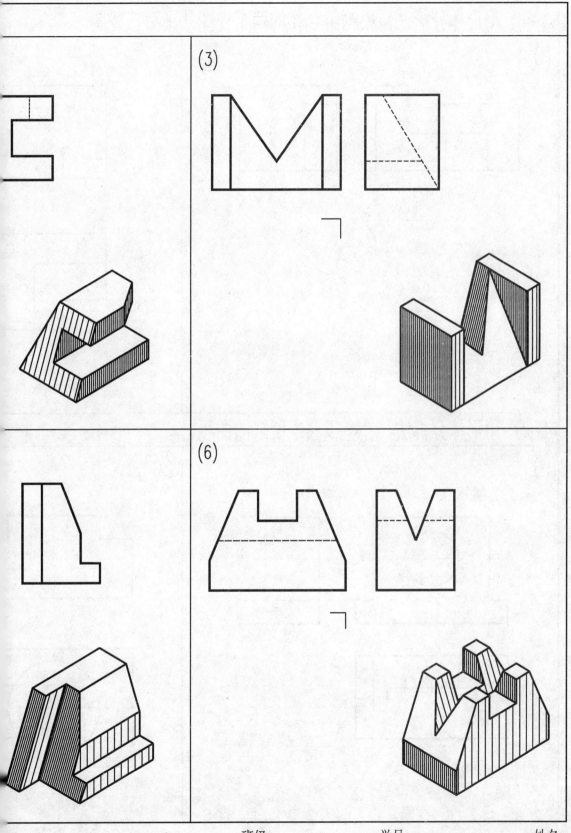

(3)

(6)

班级　　　　　学号　　　　　姓名

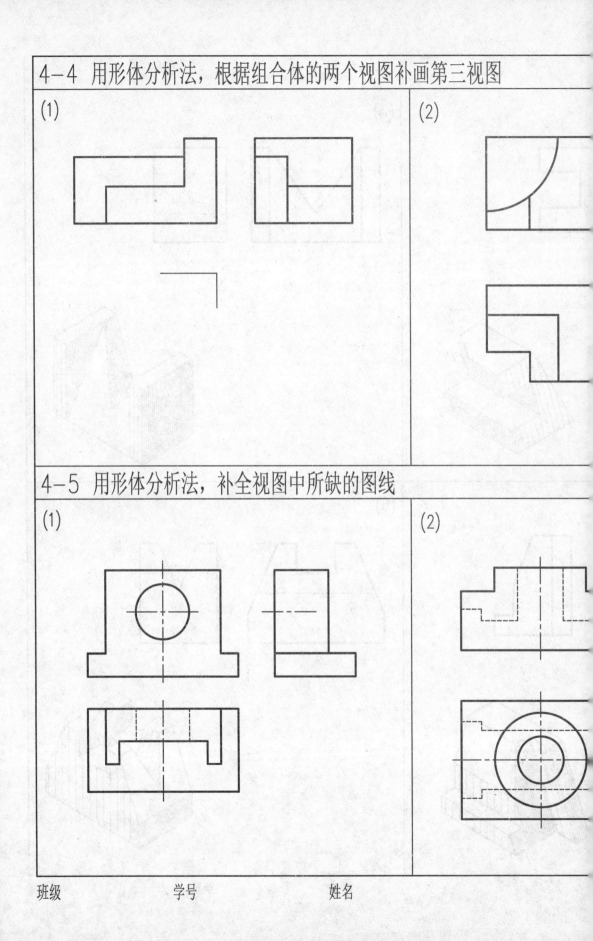

4–4 用形体分析法，根据组合体的两个视图补画第三视图

(1)

(2)

4–5 用形体分析法，补全视图中所缺的图线

(1)

(2)

班级   学号   姓名

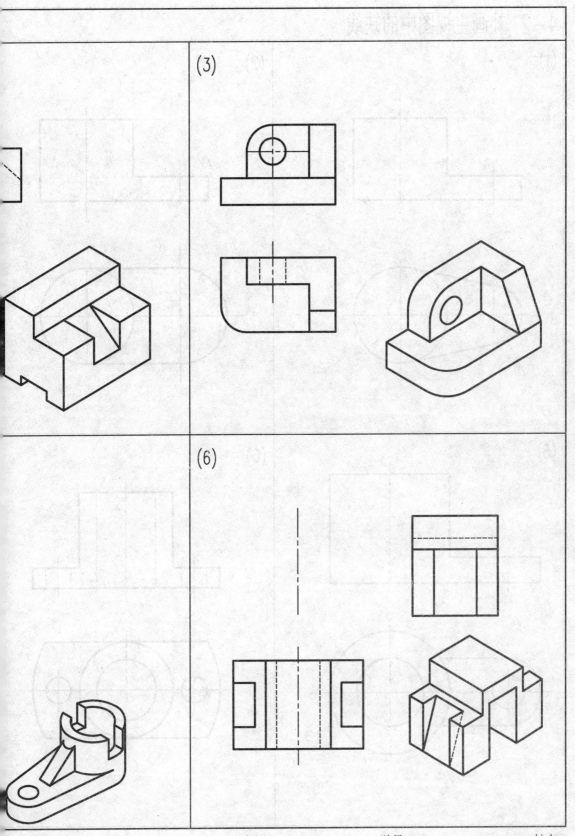

(3)

(6)

4-2 补画主视图中的缺线

(1)

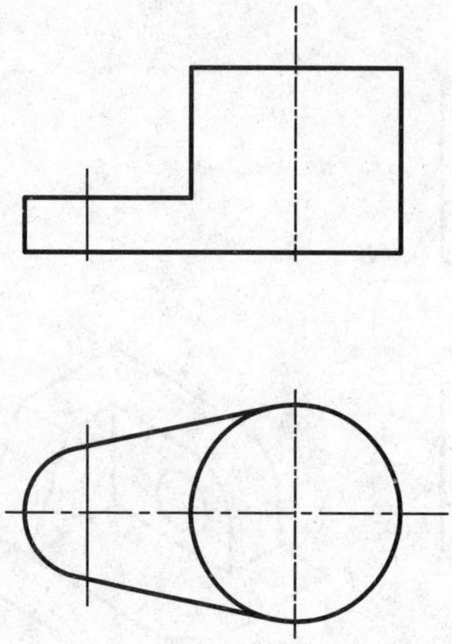

(2)

(5)

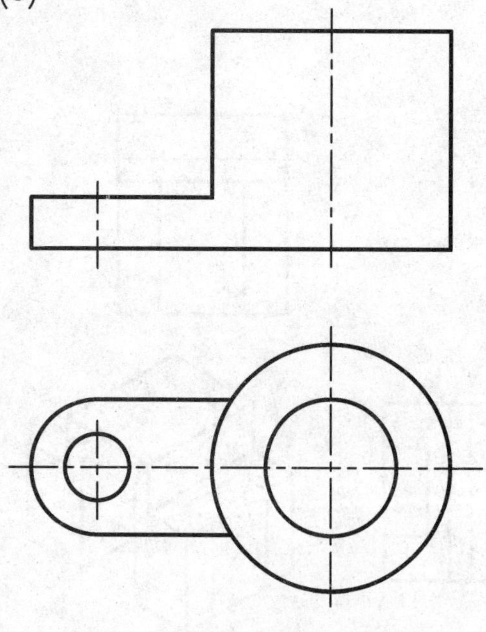

(6)

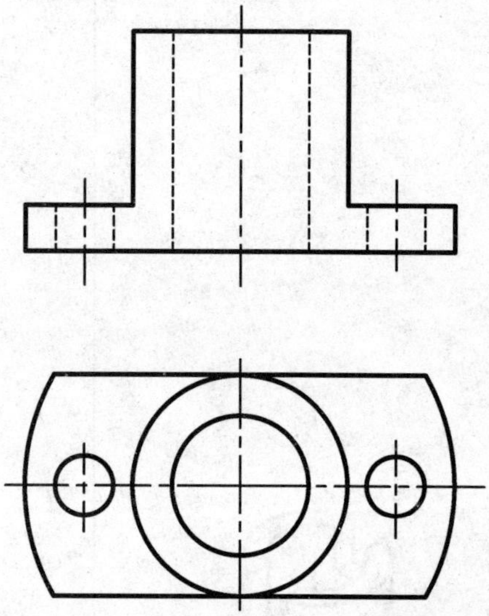

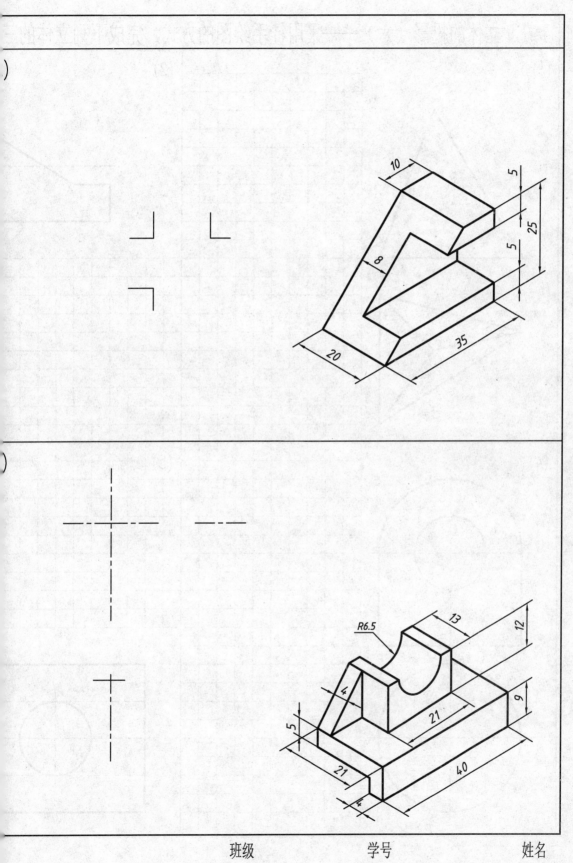

(1)

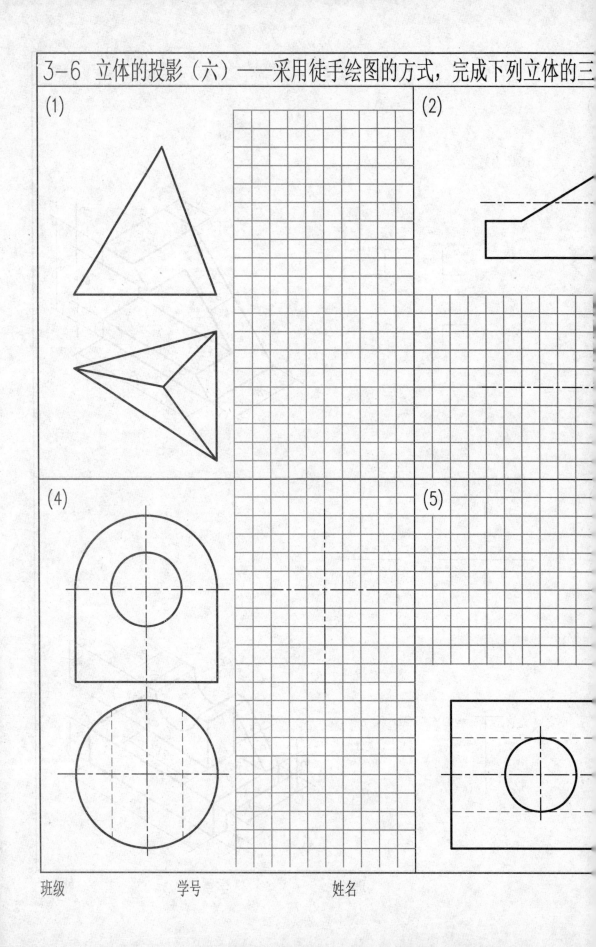

(2)

(4)

(5)

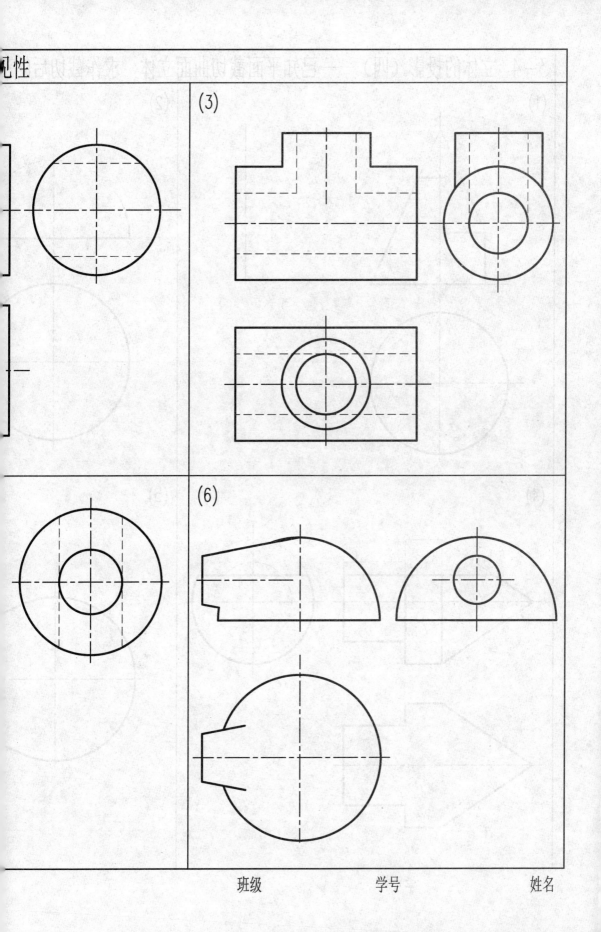

(3)

(6)

班级　　　　　学号　　　　　姓名

(1)

(2)

(4)

(5)

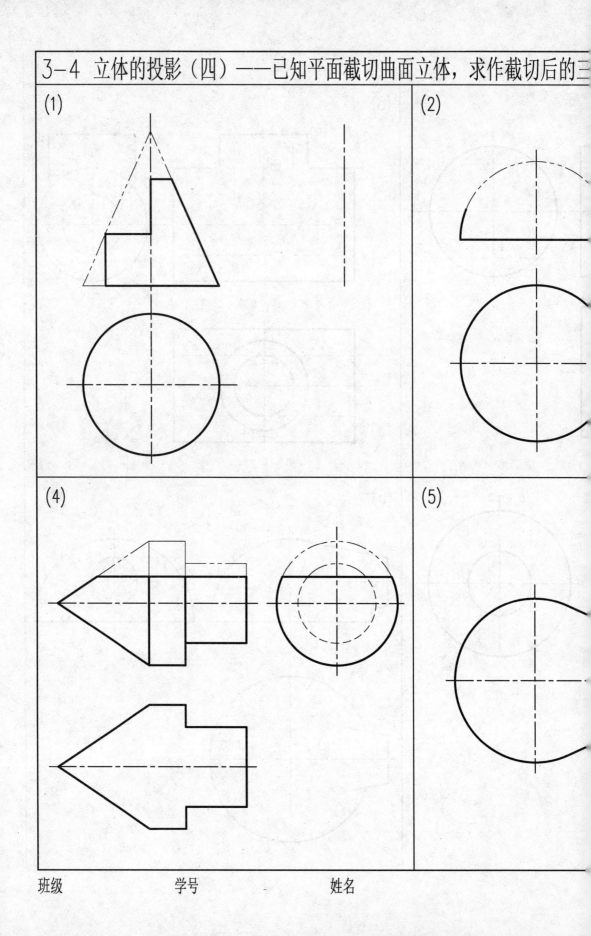

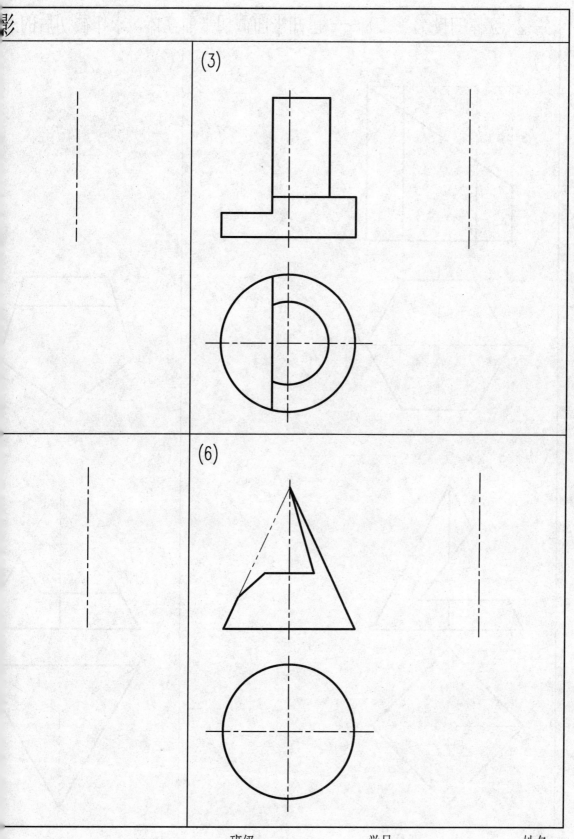

(3)

(6)

(1)

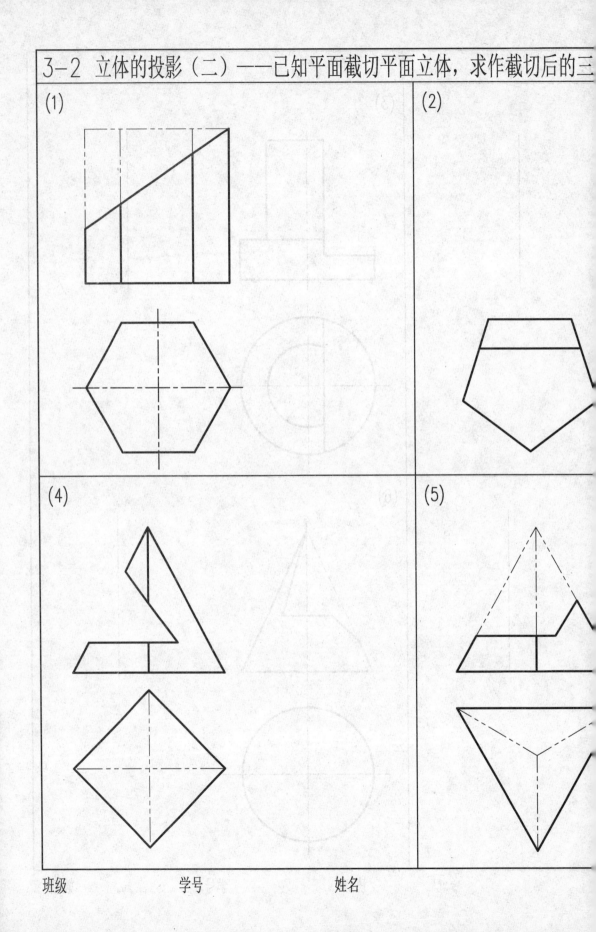

(2)

(4)

(5)

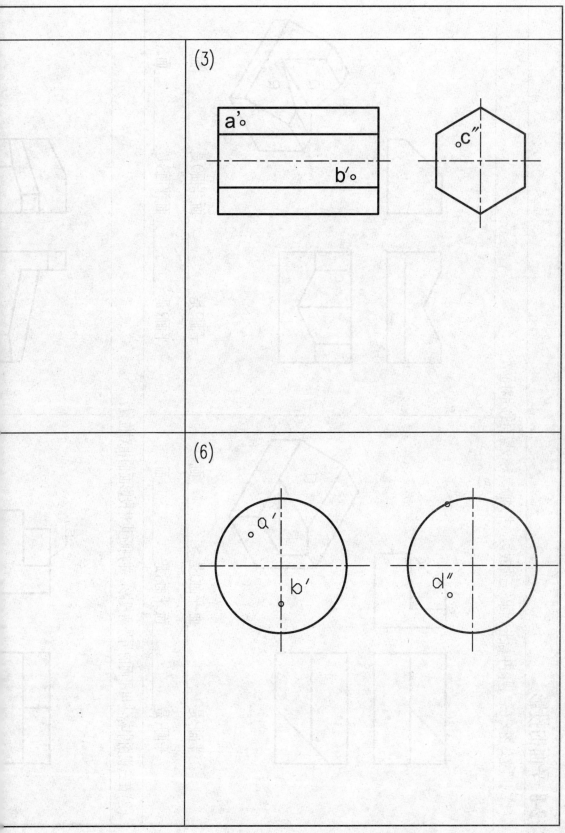

(3)

(6)

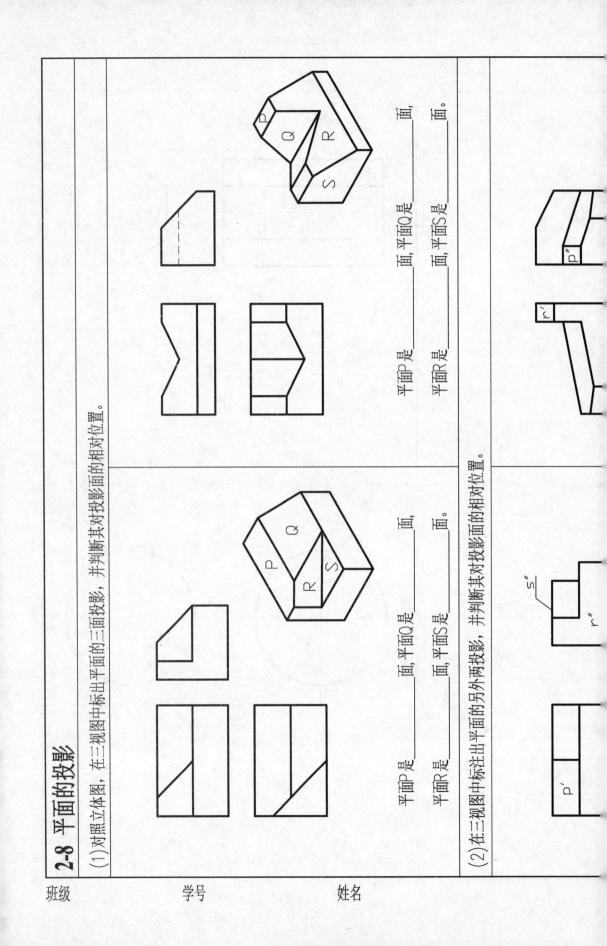

2-8 平面的投影

(1) 对照立体图，在三视图中标出平面的三面投影，并判断其对投影面的相对位置。

平面P是＿＿＿面，平面Q是＿＿＿面，

平面R是＿＿＿面，平面S是＿＿＿面。

平面P是＿＿＿面，平面Q是＿＿＿

面，平面R是＿＿＿面，平面S是＿＿＿面。

(2) 在三视图中标注出平面的另外两投影，并判断其对投影面的相对位置。

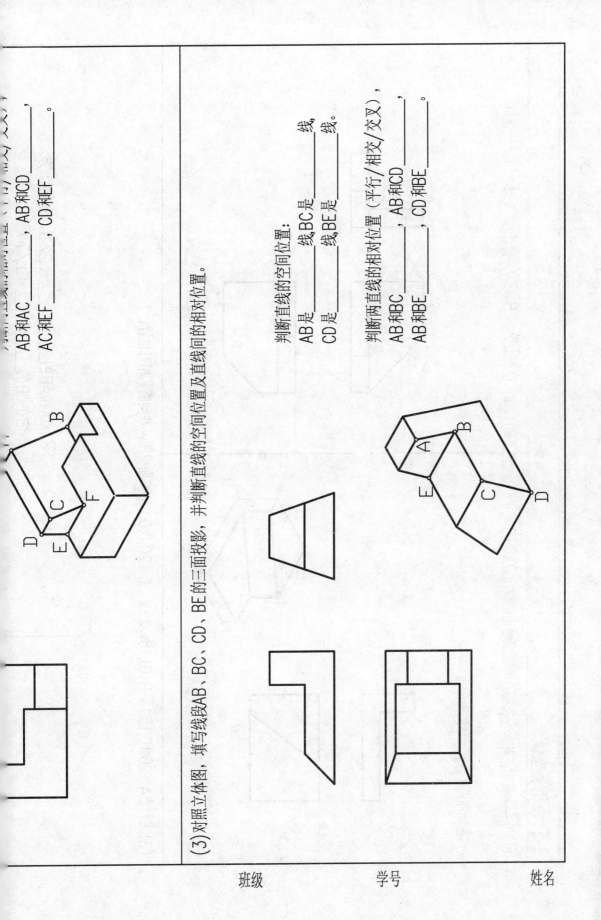

AB 和 AC _____，AB 和 CD _____，

AC 和 EF _____，CD 和 EF _____。

(3)对照立体图，填写线段 AB、BC、CD、BE 的三面投影，并判断直线的空间位置及直线间的相对位置。

判断直线的空间位置：

AB 是 _____线，BC 是 _____线、

CD 是 _____线、BE 是 _____线。

判断两直线的相对位置（平行/相交/交叉），

AB 和 BC _____，AB 和 CD _____，

AB 和 BE _____，CD 和 BE _____。

班级

学号

姓名

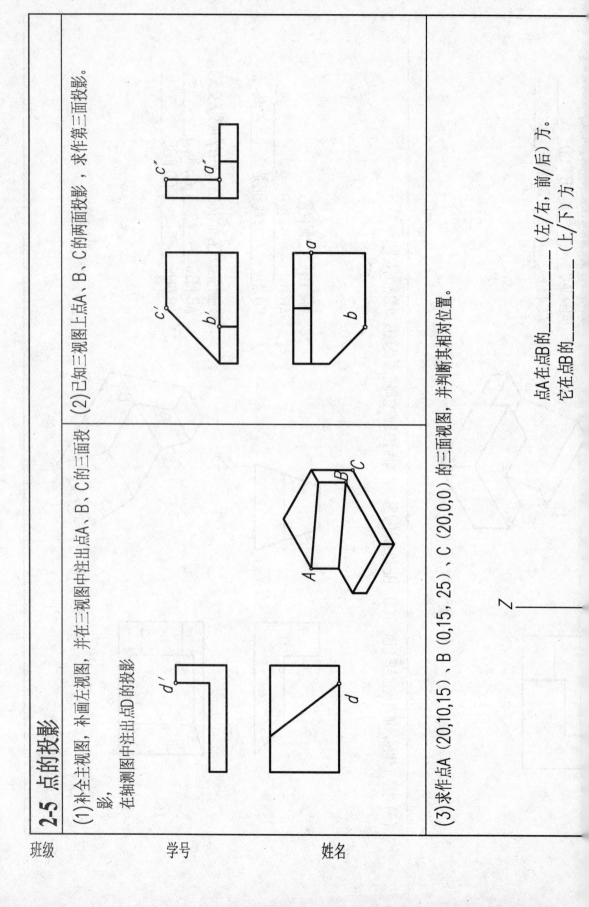

2-5 点的投影

(1)补全主视图，补画左视图，并在三视图中注出点A、B、C的三面投影，在轴测图中注出点D的投影。

(2)已知三视图上点A、B、C的两面投影，求作第三面投影。

(3)求作点A（20,10,15）、B（0,15,25）、C（20,0,0）的三面视图，并判断其相对位置。

点A在点B的_____（左/右、前/后）方。

它在点B的_____（上/下）方。

班级

学号

姓名

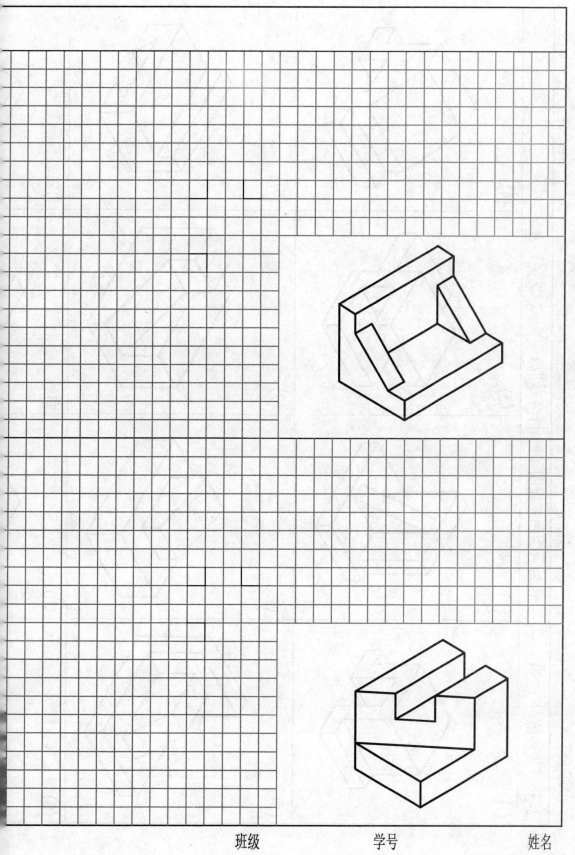

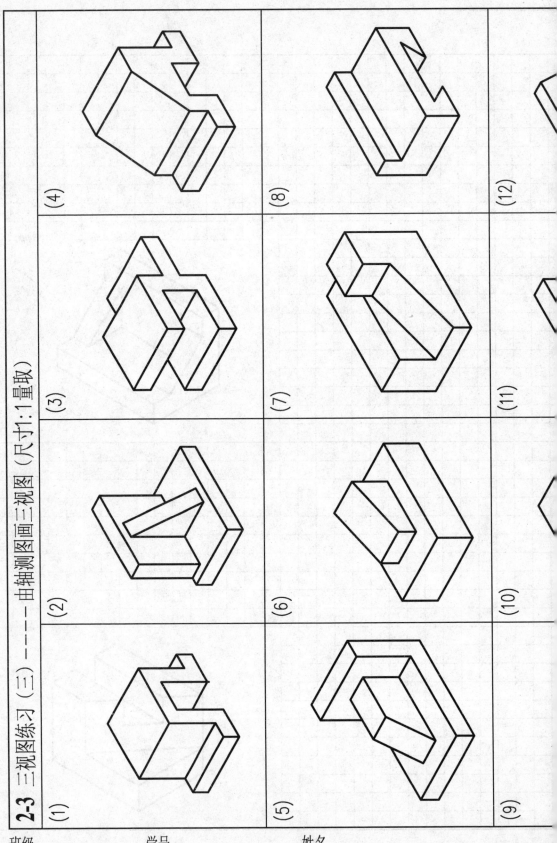

2-3 三视图练习（三）————由轴测图画三视图（尺寸1:1量取）

(1) (2) (3) (4)
(5) (6) (7) (8)
(9) (10) (11) (12)

班级　　　学号　　　姓名

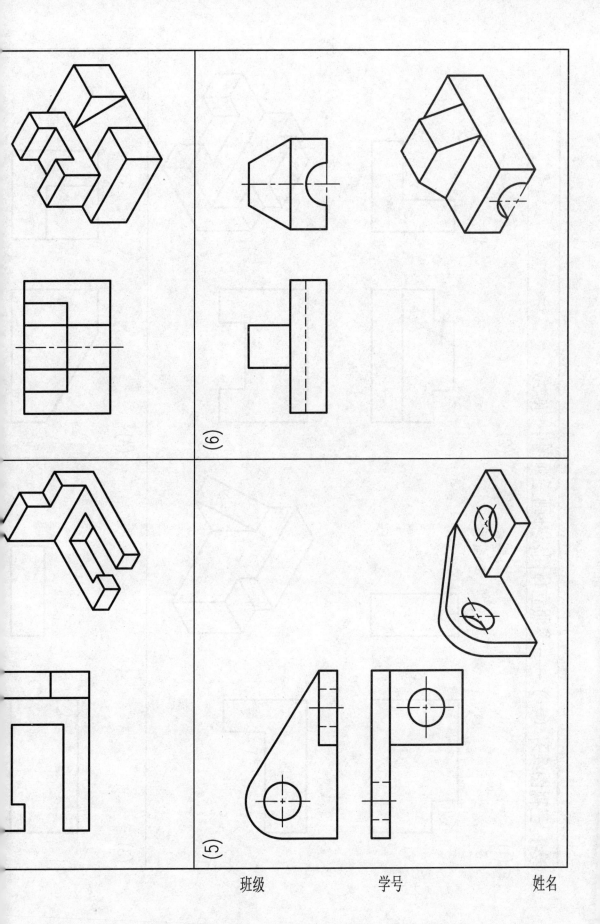

(6)

(5)

班级   学号   姓名

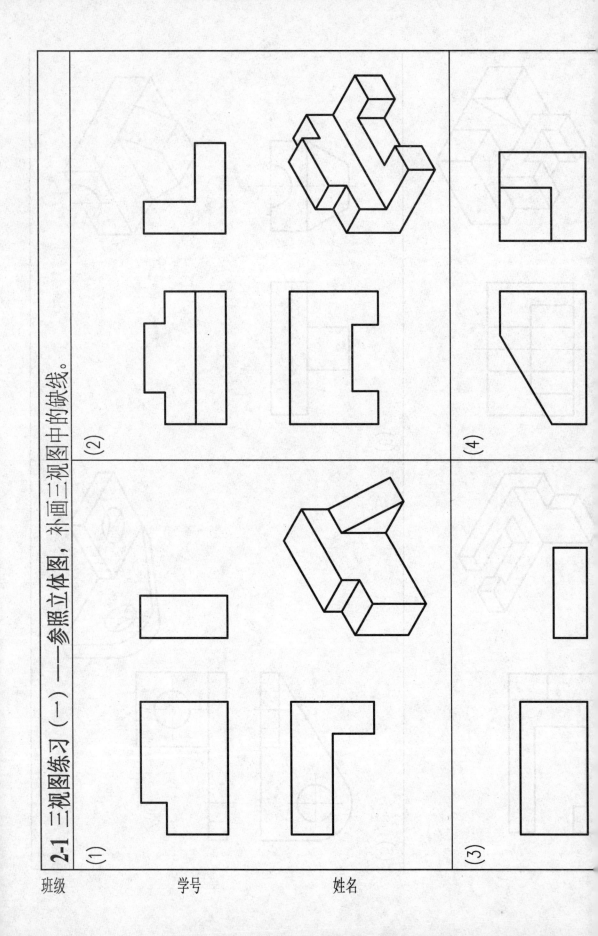

2-1 三视图练习（一）——参照立体图，补画三视图中的缺线。

(1)

(2)

(3)

(4)

班级　　　　学号　　　　姓名

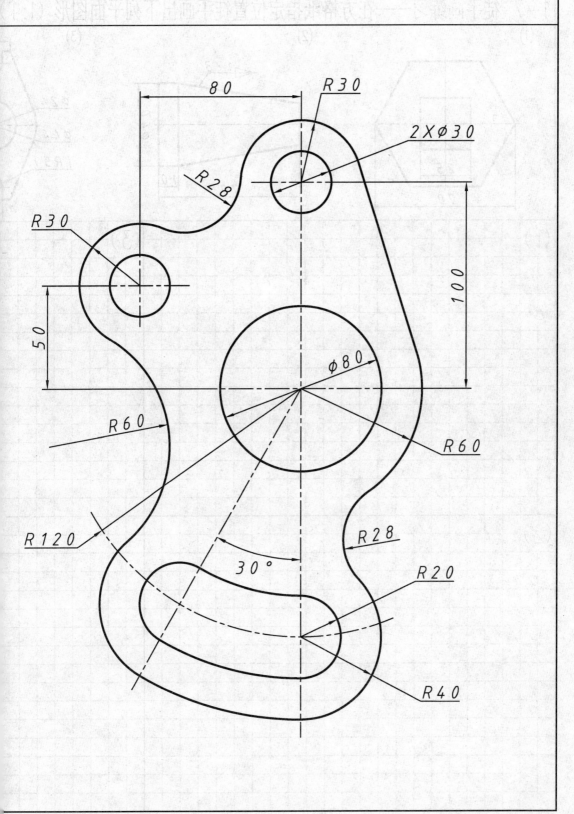

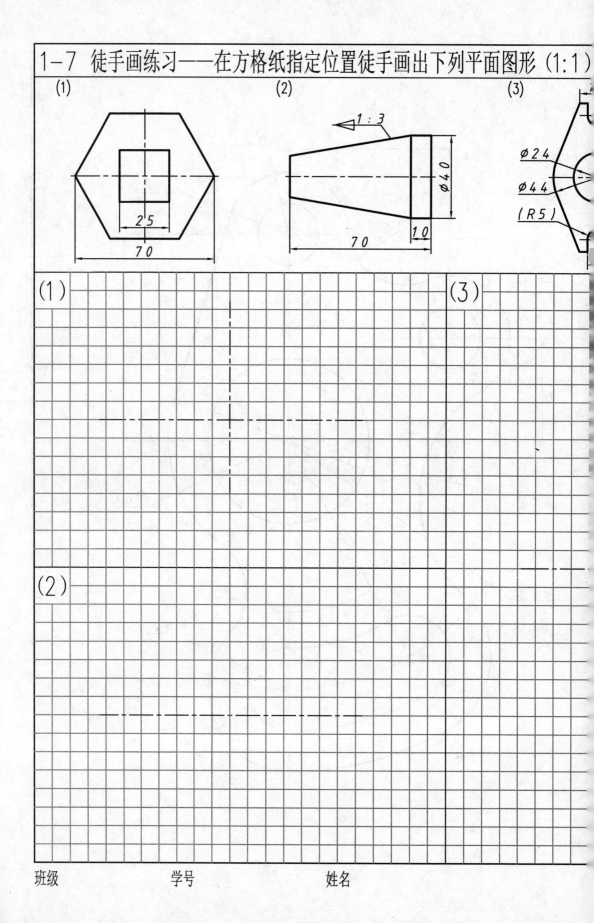

1-7 徒手画练习——在方格纸指定位置徒手画出下列平面图形 (1:1)

(1)

25
70

(2)

1:3
Ø40
70
10

(3)

Ø24
Ø44
(R5)

(1)

(3)

(2)

班级   学号   姓名

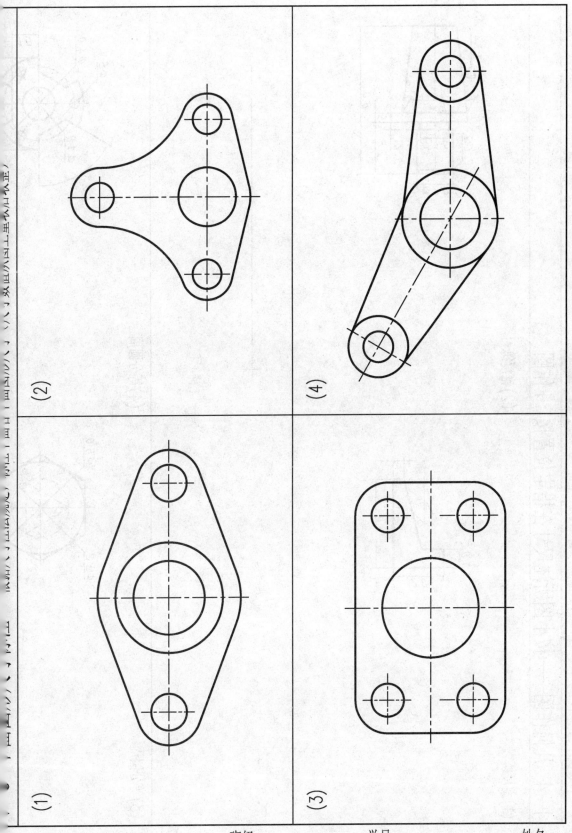

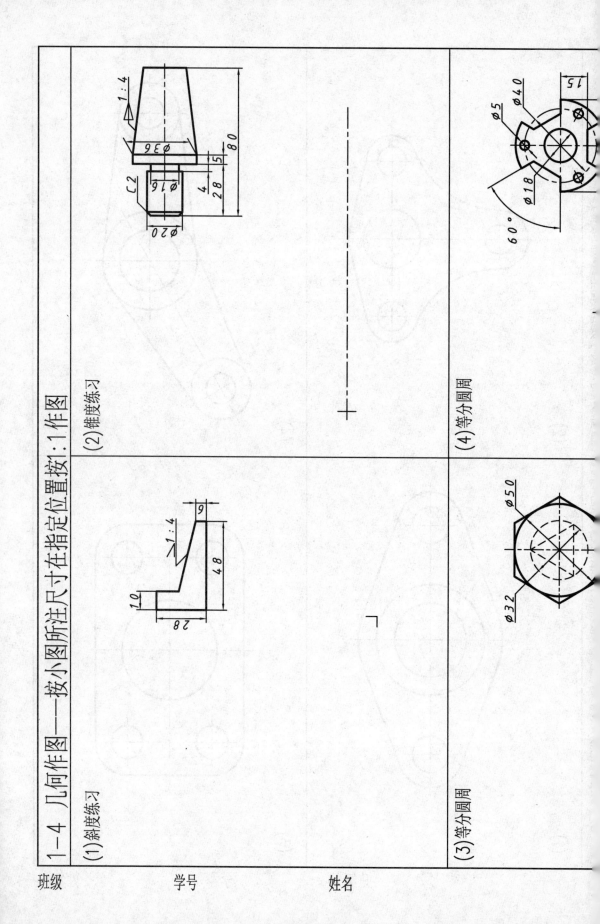

1-4 几何作图——按小图所注尺寸在指定位置按1:1作图

(1) 斜度练习

(2) 锥度练习

(3) 等分圆周

(4) 等分圆周

班级　　　　学号　　　　姓名

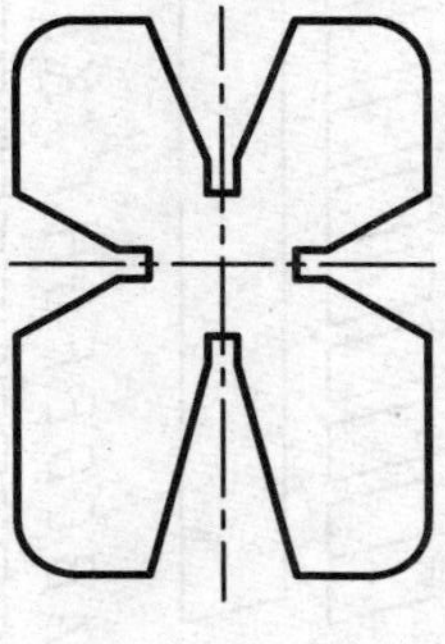

（3）判断上图中尺寸标注的错误，并在下图中正确标注。

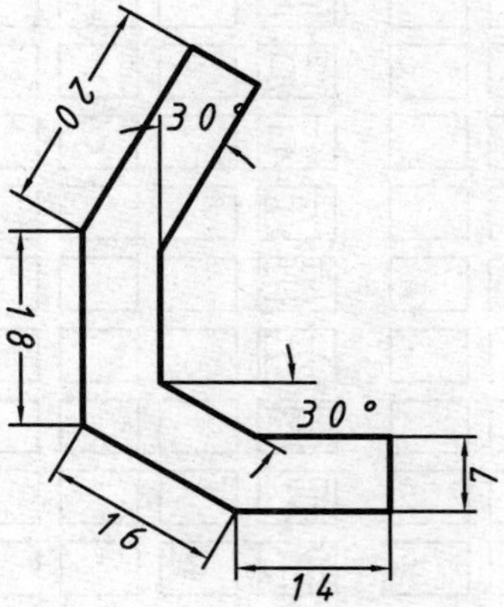

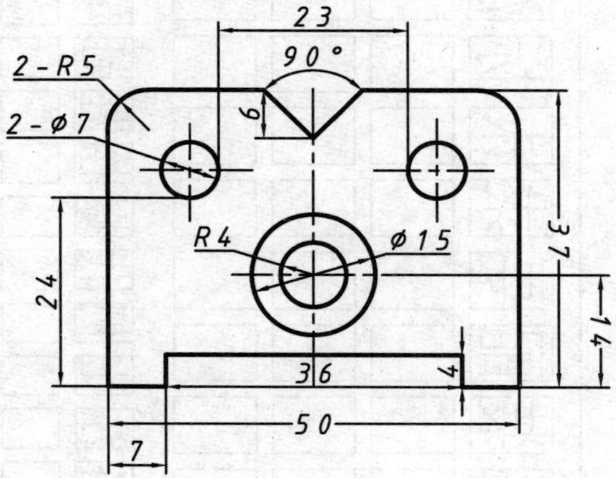

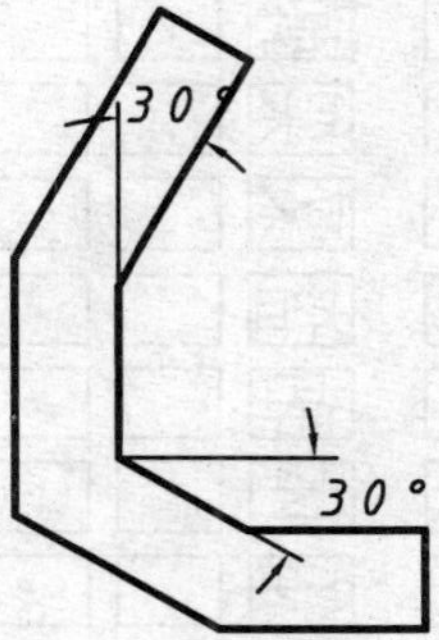

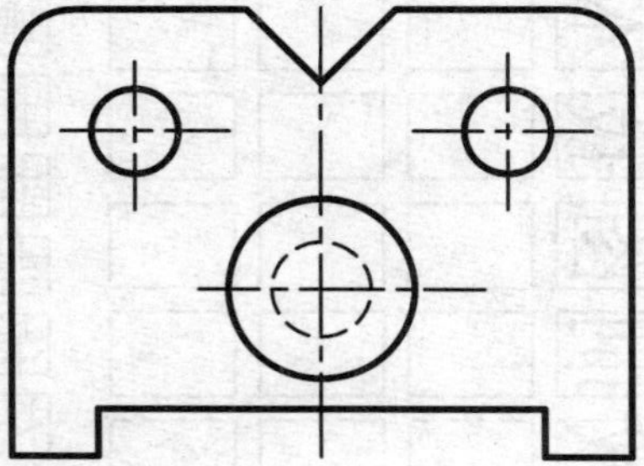

14

37

Ø15

23

90°

9

36

50

R4

7

2-R5

2-Ø7

24

7

30°

30°

14

16

20

18

30°

30°

（1）画箭头及填写线性尺寸数字。

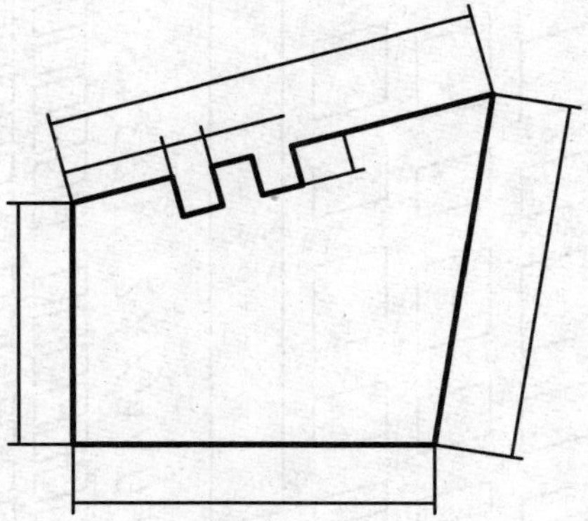

（2）标注下图中的4个凹槽的角度尺寸。

班级

学号

姓名

1-1 字体练习

机械制图技术零件装配要求未标注倒角

序号名称件数重量材料备注比例代螺栓柱钉母键销杆

齿轮箱体轴盘叉架弹簧轴承视图主俯左右后仰剖断面

1 2 3 4 5 6 7 8 9 0 R ∅   I II III V VI IX X

A B C D E F G H I J K L M N O P Q R S T U V W X Y Z   1 2 3 4 5 6 7 8 9 0 R ∅

班级　　　　　　学号　　　　　　姓名

目

JIXIE ZHITU

机械制图
习题集

■ 本书配套提供教学资源库（立体词典）：练习素材、综合实例、动画视频、电子教材、PPT课件库*、试题库*、可组合式教学计划*、立体词典教学软件、在线自动组卷系统*。

（*项仅限本书任课教师使用。）

浙大旭日科技协助制作教学资源
读者可通过51CAX网站（www.51cax.com）下载资源（学习版）

任课教师可直接来电索取资源光盘（教师版）
服务热线：0571-28811226，0571-28852522

ISBN 978-7-308-11752-4

9 787308 117524 >

定价：48.00元（含习题集）